机电类专业高职单考单招系列丛书

钳工技术基础

学习辅导与训练

基础练习—统测过关—高职考试

主 编 何 立

副主编 朱金仙 何 琦

参 编 席 伟 黄 佶 王 晖 沈榴月 刘 霞
吴 迪 侯 迎

主 审 胡其谦

U0280605

机 械 工 业 出 版 社

本书是机电类专业高职单考单招系列丛书中《钳工技术基础》的配套教学用书，内容包括基础练习、统测过关、高职考试和参考答案四大部分。

本书可作为中等职业学校机械类相关专业学生基础练习、能力训练、考试复习和高考强化的教学辅导书，也可作为参加相关岗位培训人员、自考人员和专业爱好者的学习与参考书，更是任教相关课程教师的必备书籍。

图书在版编目（CIP）数据

钳工技术基础学习辅导与训练/何立主编．—北京：机械工业出版社，2017.2（2025.2 重印）
（机电类专业高职单考单招系列丛书）
ISBN 978-7-111-55663-3

Ⅰ.①钳…　Ⅱ.①何…　Ⅲ.①钳工-中等专业学校-教学参考资料　Ⅳ.①TG9

中国版本图书馆 CIP 数据核字（2016）第 302671 号

机械工业出版社（北京市百万庄大街 22 号　邮政编码 100037）
策划编辑：汪光灿　　　　责任编辑：汪光灿　张亚捷
责任校对：佟瑞鑫　刘志文　封面设计：张　静
责任印制：邓　博
北京盛通数码印刷有限公司印刷
2025 年 2 月第 1 版第 4 次印刷
184mm×260mm · 10.75 印张 · 257 千字
标准书号：ISBN 978-7-111-55663-3
定价：28.00 元

电话服务　　　　　　　　网络服务
客服电话：010-88361066　机　工　官　网：www.cmpbook.com
010-88379833　机　工　官　博：weibo.com/cmp1952
010-68326294　金　书　网：www.golden-book.com

机工教育服务网：www.cmpedu.com

前 言

本书是《钳工技术基础》的配套教学用书，内容包括基础练习、统测过关、高职考试、参考答案四大部分。第一部分按照主教材的章节分为钳工入门知识、工具钳工、装配钳工、机修钳工四个单元。每个单元基本上按照知识范围和学习目标、知识要点和分析、练习卷、复习卷、测验卷的方式循序渐进，有利于学生梳理知识、总结知识、训练学习能力。对于不同的学生，教师还可以挑选不同的试卷辅助进行分层教学。第二部分以系统总复习、统测模拟为主，难度相对较低，目的是经过该轮的训练，让绝大多数的学生能统测过关、顺利毕业。第三部分以参加高职考试的学生为主要对象，针对高二年级钳工技术基础课程学习间断的特点，要求教师根据学生的实际情况，结合第一部分内容，进行适当的知识回顾和解题练习，然后按第三部分进行阶段性测试和高职模拟考试等强化训练。

本书使用起来灵活、方便，可作为学生的作业本，免去了教师出各类练习卷的麻烦，更可节约学校为印练习卷而带来的大量人力和物力的支出。作为学校，也可把本书作为试题库，便于教学管理。本书的内容结构和使用说明大致如下。

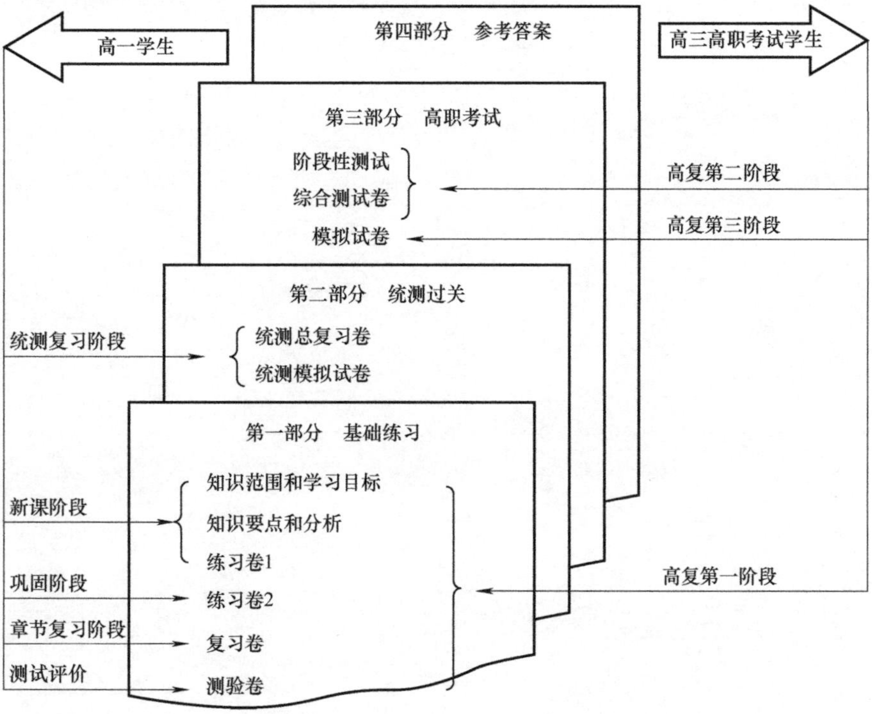

本书由何立任主编，朱金仙、何琦任副主编，席伟、黄佶、王晖、沈榴月、刘霞、吴迪、侯迎参与部分内容编写，胡其谦任主审。在编写本书的过程中，参阅了大量的有关教材和相关文献，并得到了浙江信息工程学校、湖州工程技师学院领导、教科室、教务处，以及机械教研组各位老师的大力支持和帮助，并提出了许多宝贵意见，在此深表感谢！

由于编者的水平和教学经验有限，对于教学大纲的理解和把握、例题的选用以及习题的筛选等方面会存在着不足之处，望广大读者提出宝贵的意见和建议，以便今后改正、提高和完善。

编　者

目录

第一部分

基础练习

单元一

钳工入门知识

知识范围和学习目标

1. 知识范围

1）钳工的定义和主要任务。

2）钳工常用设备。

3）量具的类型。

4）钳工常用量具。

5）量具的维护与保养。

2. 学习目标

1）了解钳工在机器制造和设备维修中的地位与重要性。

2）了解钳工的主要任务。

3）了解钳工常用设备的操作和保养。

4）熟悉钳工常用量具的刻线原理及读数方法。

5）掌握应用量具进行测量的操作技能。

6）熟悉常用量具的维护与保养。

知识要点和分析

【知识要点一】 钳工的定义和主要任务

1）钳工的定义。钳工是手持工具对金属表面进行切削加工的一种方法，在加工过程中利用台虎钳、手锯、锉刀、钻床及各种手工工具去完成目前机械加工所不能完成的工作。

2）钳工的分类。目前，我国《国家职业标准》将钳工划分为工具钳工、装配钳工和机修钳工三类。

3）钳工的主要任务。钳工的主要任务是加工零件、装配、设备维修、工具的制造和修理。

★常见题型

机修钳工主要从事机器设备的____________、____________和____________。

【知识要点二】 钳工常用设备

1）台虎钳。台虎钳是用来夹持工件的通用夹具，有固定式和回转式两种结构类型。台虎钳的规格以钳口的宽度表示有100mm、125mm、150mm等。

2）钳工工作台。钳工工作台用来安装台虎钳、放置工具和工件等。

3）钻床。钳工常用的钻床有台式钻床（简称台钻）、立式钻床（简称立钻）、摇臂钻床三种，其中钳工实习场最常用的是台钻。台钻结构简单、操作方便，用于小型零件上钻、扩ϕ12mm以下的孔。

4）砂轮机。砂轮机主要是供一般工矿企业作为修磨刀刃具之用，也用于普通小零件进行磨削、去毛刺及清理等工作。

★常见题型

钻床变速前应（　　）。

A. 停车　　B. 取下钻头　　C. 取下工件　　D. 断电

【知识要点三】 量具的类型

1）万能量具。这类量具一般都有刻度，在测量范围内可以测量零件和产品形状及尺寸的具体数值。

2）专用量具。这类量具不能测量出实际尺寸，只能测定零件和产品的形状及尺寸是否合格。

3）标准量具。这类量具只能制成某一固定尺寸，通常用来校对和调整其他量具，也可以作为标准与被测量件进行比较。

★常见题型

塞尺属于（　　）。

A. 标准量具　　B. 万能量具　　C. 游标量具　　D. 专用量具

【知识要点四】 钳工常用量具

1）游标卡尺。游标卡尺是一种中等精度的量具，可以直接量出工件的外径、孔径、长度、宽度和孔距等。

2）游标卡尺读法。用游标卡尺测量工件时，读法分为三个步骤。

①读出游标上零线左面尺身上的毫米整数。

②读出游标上哪一条刻线与尺身刻线对齐。

③把尺身和游标上的尺寸加起来即为测得尺寸。

3）千分尺。千分尺是一种精密量具，它的测量精度比游标卡尺高，而且比较灵敏。因此，对于加工精度要求较高的工件，要用千分尺来进行测量。

4）千分尺的读法。用千分尺测量工件时，读法分为三个步骤。

①读出微分筒左侧露出部分在固定套管上的整毫米数和半毫米数。

②看微分筒上哪一格与固定套管上基准线对齐，并读出不足半毫米的数。

③把固定套筒和微分筒上的尺寸加起来即为测得的尺寸。

5）百分表。百分表是一种精度较高的比较量具，它只能测出相对数值，不能测出绝对数值，主要用于测量几何误差，也可用于机床上安装工件时的精密找正。百分表的读数准确度为0.01mm。

6）游标万能角度尺。游标万能角度尺角度的读数方法和游标卡尺相似，先从尺身上读出游标零线前的整度数，再从游标上读出角度“′”的数值，两者相加即为被测得角度数值。

7）量块。量块是长度计量的基准，适用于长度尺寸的传递，量块的各项精度指标应符合国家标准及国际标准。量块测量面的尺寸精度高，表面粗糙度值低，研合力好，尺寸稳定。

8）塞尺。塞尺（是用来检验两个结合面之间间隙大小的片状量规。使用塞尺时，根据间隙的大小，可用一片或数片重叠在一起插入间隙内。

★常见题型

1）用百分表测量零件外径时，为保证测量精度，可反复多次测量，其测量值应取多次反复测量的（　　）。

A. 最大值　　B. 最小值　　C. 平均值　　D. 极限值

2）千分尺的活动套筒转动一格，测微螺杆移动（　　）。

A. 0.001mm　　B. 0.01mm　　C. 0.02mm　　D. 0.1mm

【知识要点五】 量具的维护与保养

为了保持测量工具的精度，延长其使用寿命，不但使用方法要正确，还必须做好量具的维护与保养。

1）使用前应先熟悉测量工具的规格、性能、使用方法和使用注意事项。

2）测量前应将测量工具的测量面和被测工件的被测表面擦净，以免污物存在而影响测量精度。

3）量具在使用过程中，不要和工具、刀具放在一起，以免碰坏；也不要随意放在机床上，以免因机床振动而使量具掉下来损坏。

4）温度对测量结果影响很大，一般测量可在室温下进行。

5）不要把量具放在磁场附近，以免使量具磁化。

6）量具应经常保持清洁。量具用完后，应及时擦净、涂油，放在专用盒中，保存在干燥处，以免生锈。

7）精密量具应实行定期鉴定和保养，发现精密量具有不正常时，应及时送交计量室检修。

★常见题型

工作完毕后，所用过的量具要（　　）。

A. 检修　　B. 堆放　　C. 清理、涂油　　D. 交接

钳工入门知识——练习卷1

班级__________ 学号__________ 姓名__________ 成绩__________

一、钳工基本概念

1. 目前，我国《国家职业标准》将钳工划分为__________、__________和__________三类。

2. 装配钳工主要从事工件加工、机器设备的__________、__________工作。

3. 台虎钳是用来夹持工件的通用夹具，有__________和__________两种结构类型。

4. 用台虎钳夹紧工件时松紧要适当，只能用手__________，不能借助其他工具加力。

5. 钳工工作台上使用的照明电压不得超过__________。

6. 钳工常用的钻床有__________、__________、__________三种。

7. 砂轮机托架和砂轮之间距离应保持在__________以内，以防工件扎入造成事故。

8. 钻头上绕有长铁屑时，要__________，禁止用__________、用__________，要用刷子或铁钩清除。

二、钳工常用量具

1. 量具的种类很多，根据其用途和特点，可分为三种类型：__________、__________、__________。

2. 游标卡尺是一种__________的量具，可以直接量出工件的__________、__________、__________、__________和__________等。

3. 游标卡尺按其测量精度，有__________和__________两种。

4. 千分尺的规格按测量范围分为：__________、__________、__________、__________等。

5. 百分表是一种__________的比较量具，它只能测出__________，不能测出__________，主要用于测量__________误差，也可用于机床上安装工件时的精密找正。

6. 百分表不用时，应使测量杆处于__________，以免百分表内弹簧失效。

7. 游标万能角度尺在使用时，由于直尺和直角尺可以移动和拆换，因此游标万能角度尺可以测量__________的任何角度。

8. 为了工作方便，减少累积误差，选用量块时，应尽可能选用最少的块数，一般情况下块数不超过______块。

9. 温度对测量结果影响很大，一般测量可在__________进行。

10. 精密量具应实行定期__________，发现精密量具有不正常时，应及时送交__________，以免其示值误差超差而影响测量结果。

钳工入门知识——练习卷 2

班级__________ 学号__________ 姓名__________ 成绩__________

一、填空题

1. 钳工是__________对__________进行切削加工的一种方法，在加工过程中利用台虎钳、手锯、锉刀、钻床及各种手工工具去完成目前机械加工所不能完成的工作。

2. 钳工的主要任务是__________、__________、__________、__________。

3. 在钳工工作台上安装台虎钳时，钳口高度应以恰好齐人的________为宜。

4. 砂轮机起动后应__________，若跳动明显应及时__________。

5. 千分尺是一种__________，它的测量精度比__________高，而且比较灵敏。

6. 千分尺的制造精度分为________和________两种，________精度最高，________精度稍差。

7. 百分表的读数准确度为__________。

8. 塞尺是用来检验两个结合面之间__________的片状量规。

二、判断题

1. 使用手电钻时必须戴绝缘手套，换钻头时须拔下插头。（ ）

2. 千分尺上的棘轮，其作用是限制测量力的大小。（ ）

3. 操作钻床时，不能戴眼镜。（ ）

4. 刻度尺每个刻度间距所代表的长度单位数值称为分度值。（ ）

5. 百分表每次使用完毕后必须将测量杆擦净，涂上油脂放入盒中保管。（ ）

6. 钻床变速前应取下钻头。（ ）

7. 使用千分尺时，用等温方法将千分尺和被测件保持同温，这样可以减少温度对测量结果的影响。（ ）

8. 百分表、千分表、杠杆千分尺、杠杆齿轮比较仪、扭簧比较仪都属于通用量仪。（ ）

三、选择题

1. 游标卡尺是一种（ ）的量具

A. 中等精度 B. 精密 C. 较低精度 D. 较高精度

2. 台虎钳的规格是以钳口的（ ）表示的。

A. 长度 B. 宽度 C. 高度 D. 夹持尺寸

3. 钳工车间设备较少工件摆放时，要（ ）。

A. 堆放 B. 大压小 C. 重压轻 D. 放在工件架上

4. 钻头上缠绕铁屑时，应及时停车，用（ ）清除。

A. 手 B. 工件 C. 钩子 D. 嘴吹

5. 台虎钳夹紧工件时，只允许（ ）手柄

A. 用锤子敲击 B. 用手扳 C. 套上长管子扳 D. 两人同时扳

6. 内径百分表的测量范围是通过更换（　　）来改变的。

A. 表盘　　B. 测量杆　　C. 长指针　　D. 可换测头

7. 手电钻装卸钻头时，按照操作规程必须用（　　）。

A. 钥匙　　B. 榔头　　C. 铁棍　　D. 管钳

8. 开始工作前，必须按照规定穿戴好防护用品是安全生产的（　　）。

A. 重要规定　　B. 一般知识　　C. 规章　　D. 制度

9. 工具摆放要（　　）。

A. 整齐　　B. 堆放　　C. 混放　　D. 随便

10. 常用千分尺测量范围每隔（　　）为一档规格。

A. 25mm　　B. 50mm　　C. 100mm　　D. 150mm

钳工入门知识——复习卷

班级__________ 学号__________ 姓名__________ 成绩__________

一、填空题

1. 台钻结构简单、______________，用于小型零件上钻、扩________以下的孔。

2. 千分尺的测量精度一般为______。

3. 用来__________、______________及产品__________和____________的工具称为量具。

4. 百分表可用来精确测量零件__________、__________、__________、__________和____________等几何误差，也可用来________________。

5. 塞尺的片有的很薄，容易_______________。测量时，不可________硬塞塞尺，以防止塞尺_______________，还应注意不能测量_______________的工件。

6. 量具在使用过程中，不要和__________、__________放在一起，以免碰坏。

二、判断题

1. 工作时必须穿工作服和工作鞋。 （ ）

2. 千分尺的制造精度主要是由它的刻线精度来决定的。 （ ）

3. 钻床开动后，操作中允许测量工件。 （ ）

4. 千分尺微分筒转一周，测微螺杆就移动1mm。 （ ）

5. 用百分表测量工件时，长指针转一周，齿杆移动1mm。 （ ）

6. 砂轮机要安装在场地进出口处。 （ ）

7. 砂轮的硬度和磨粒的硬度，其概念相同。 （ ）

8. 千分尺微分筒上的刻线间距为1mm。 （ ）

三、选择题

1. 精度为0.02mm的游标卡尺，当游标卡尺读数为30.42mm时，游标上的第（ ）格与主尺刻线对齐。

A. 30　　B. 21　　C. 42　　D. 49

2. 钻床钻孔时，车未停稳不准（ ）。

A. 捏停钻夹头　　B. 断电　　C. 离开太远　　D. 做其他工作

3. 钳工工作场地必须清洁、整齐，物品摆放（ ）。

A. 随意　　B. 无序　　C. 有序　　D. 按要求

4. 内径百分表表盘沿圆周有（ ）个刻度。

A. 50　　B. 80　　C. 100　　D. 150

5. 游标万能角度尺是用来测量工件（ ）的量具。

A. 内、外角度　　B. 内角度　　C. 外角度　　D. 弧度

6. 使用钻床工作结束后，将横臂调整到（ ）位置，主轴箱靠近立柱并且要夹紧。

A. 最低　　B. 最高　　C. 中间　　D. 任意

7. 游标高度尺一般用来（　　）。

A. 测直径　B. 测齿高　C. 测高和划线　D. 测高和测深度

8. 钻床开动后，操作中（　　）钻孔。

A. 不可以　B. 允许　C. 停车后　D. 不停车

9. 精密加工以及检验和修配等操作属于钳工的（　　）任务。

A. 加工零件　B. 装配　C. 设备维修　D. 工具的制造和修理

10. 使用砂轮机时，操作者应站在砂轮的（　　）。

A. 正面　B. 侧面或斜侧面　C. 背面　D. 任意位置

钳工入门知识——测验卷

班级____________ 学号____________ 姓名____________ 成绩____________

一、填空题

1. 常用的千分尺有外径千分尺、内径千分尺、__________千分尺。

2. 使用内径百分表测量孔径时，摆动内径百分表所测得________尺寸才是孔的实际尺寸。

3. 台虎钳在钳工工作台上安装时，必须使固定钳身的工作面处于______________以外，以保证夹持工件时工件的下端不受阻碍。

4. 钳工必须掌握的基本技能有__________、__________、__________、__________、钻孔、扩孔、锪孔、铰孔、攻螺纹、套螺纹、刮削、研磨、矫正与弯曲、铆接、装配等。

5. 钳工工作台简称钳台，常用硬质木板或钢材制成，要求坚实、平稳，台面高度为________ ~ ________，台面上装台虎钳和防护网。

6. 台虎钳用来夹持工件，其规格以钳口的宽度来表示，常用的有________、________、__________三种。

7. 游标卡尺内尺寸用量爪测量______________、______________、______________。

8. 现用游标分度为20mm的游标卡尺测量某些工件的外径。在测量时，示数如图1－1所示，则读数为__________。

9. 用千分尺测量某一物体厚度时，示数如图1－2所示，则读数为____________。

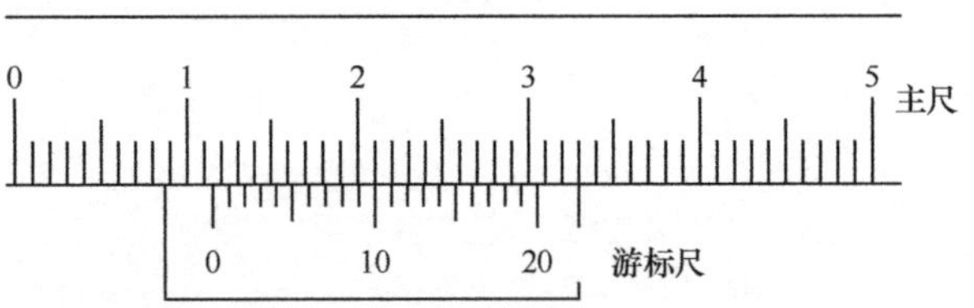

图1－1　题8图

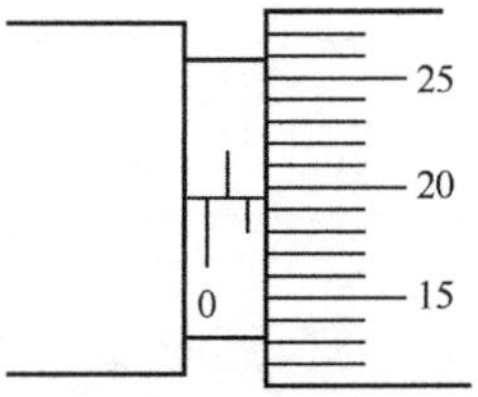

图1－2　题9图

二、判断题

1. 按量具的结构形式，可分为专用量具和通用量具。（　　）
2. 高速旋转机械试车时，必须严格遵照试车规程进行。（　　）
3. 精密量仪按照规定一年检修一次。（　　）
4. 游标卡尺尺身和游标上的刻划间距都是1mm。（　　）
5. 内径百分表可用来测量孔径和孔的位置误差。（　　）
6. 千分尺当作卡规使用时，要用锁紧装置把测微螺杆锁住。（　　）
7. 危险品仓库应设避雷设备。（　　）
8. 钻床可采用220V照明灯具。（　　）
9. 使用千分尺时，用等温方法将千分尺和被测件保持同温，这样可减少温度对测量结

果的影响。（　　）

10. 钳工车间设备较少，工件随意堆放，有利于提高工作效率。（　　）

三、选择题

1. 用百分表测量时，测量杆应预先压缩0.3～1mm，以保证有一定的初始测力，以免（　　）测不出来。

A. 尺寸　B. 公差　C. 形状公差　D. 负偏差

2. 内径百分表装有游丝，游丝的作用是（　　）。

A. 控制测量力　B. 带动长指针转动

C. 带动短指针转动　D. 消除齿轮间隙

3. 千分尺固定套筒上的刻线间距为（　　）。

A. 1mm　B. 0.5mm　C. 0.01mm　D. 0.001mm

4. 钻头直径大于13mm时，柄部一般做成（　　）。

A. 直柄　B. 莫氏锥柄　C. 方柄　D. 直柄、锥柄都有

5. 内径千分尺可测量的最小孔径为（　　）。

A. 5mm　B. 50mm　C. 75mm　D. 100mm

6. 千分尺的制造精度主要是由它的（　　）来决定的。

A. 刻线精度　B. 测微螺杆精度　C. 微分筒精度　D. 固定套筒精度

7. 百分表每次使用完毕后要将测量杆擦净，放入盒内保管，应（　　）。

A. 涂上油脂　B. 上机油

C. 让测量杆处于自由状态　D. 拿测量杆，以免变形

8. 砂轮的硬度是指磨粒（　　）。

A. 粗细程度　B. 硬度

C. 综合力学性能　D. 脱落的难易程度

9. 熔断器具有（　　）保护作用。

A. 过电流　B. 过热　C. 短路　D. 欠电压

10. 使用（　　）时应戴橡胶手套。

A. 电钻　B. 钻床　C. 电剪刀　D. 镗床

11. 发现精密量具有不正常现象时，应（　　）。

A. 自己修理　B. 及时送交计量室修理

C. 继续使用　D. 可以使用

12. 测量轴套的圆度时应选用（　　）。

A. 内径百分表　B. 外径千分尺　C. 量块　D. 游标卡尺

单元二

工具钳工

知识范围和学习目标

1. 知识范围

1）划线的种类、作用及基准的选择。

2）常用划线工具。

3）錾子的角度。

4）錾子的刃磨。

5）錾削基本操作。

6）锯削工具。

7）锯削基本操作。

8）锉刀的相关知识。

9）锉削的基本操作。

10）锉削产生废品的形式分析及锉刀的维护与保养。

11）钻孔相关知识。

12）扩孔相关知识。

13）锪孔相关知识。

14）铰孔相关知识。

15）攻螺纹相关知识。

16）套螺纹相关知识。

17）刮削基本概念。

18）刮削工具。

19）刮削姿势及刮削精度检验。

20）研磨基本概念。

21）研具材料及研磨剂。

22）研磨要点。

2. 学习目标

1）掌握划线的种类、作用以及划线基准的选择。

2）正确使用各种划线工具，掌握划线方法。

3）掌握錾子的角度以及錾子的刃磨。

4）掌握錾削的姿势、动作、锤击要领。

5）掌握锯削的基本概念以及锯削工具的正确使用。

6）掌握正确的锯削姿势以及锯削过程中的注意事项。

7）了解锉刀的基本知识。

8）掌握正确的锉削姿势和动作要领。

9）懂得锉刀的正确保养和锉削时的注意事项。

10）掌握标准麻花钻的刃磨。

11）掌握钻孔、扩孔、锪孔及铰孔的基本方法。

12）掌握攻螺纹、套螺纹的工具使用以及攻螺纹、套螺纹的方法。

13）掌握攻螺纹底孔直径和套螺纹圆杆直径的确定方法。

14）熟悉刮削原理、特点及应用。

15）了解刮削工具的使用。

16）掌握正确的刮削姿势及操作要领。

17）掌握刮削质量的检验方法。

18）熟悉研磨的原理、目的及研磨余量。

19）掌握研磨材料和研磨剂的使用。

20）掌握研磨的方法及其研磨要点。

知识要点和分析

【知识要点一】 划线的种类、作用及基准的选择

1）划线的定义。根据图样或技术文件要求，在毛坯或半成品上用划线工具划出加工界线，或者作为找正检查依据的辅助线，这种操作称为划线。

2）对划线的要求。线条清晰、均匀，定形、定位尺寸准确。考虑到线条宽度等因素，一般要求划线精度能达到0.25~0.5mm。

3）划线的种类。

①平面划线。只需在工件的一个表面上划线后即能明确表示加工界线的称为平面划线。

②立体划线。在工件几个互成不同角度的表面上划线，才能明确表示加工界线的称为立体划线。

4）划线的作用。

①确定各表面的加工余量及孔的位置，使机械加工有明确的尺寸标志。

②通过划线可以检查毛坯是否正确，毛坯误差小时，可以通过划线找正补救；无法找正补救的误差大的毛坯，也可通过划线及时发现，避免加工后造成损失。

5）划线基准的选择。所谓划线基准，是指在划线时选择工件上的某个点、线、面作为依据，用它来确定工件的各部分尺寸、几何形状及工件上各要素的位置。

划线基准一般可根据以下三种类型选择。

①以两个互相垂直的平面（或线）为基准。

②以两条相互垂直的中心线为基准。

③以一个平面和与其垂直的中心线为基准。

★常见题型

1）划线分____________和____________两种。

2）合理选择划线基准，能提高划线的____________、____________、____________。

【知识要点二】 常用划线工具

1）钢直尺。钢直尺是一种简单的尺寸量具，在尺面上刻有尺寸刻线，最小刻线距为0.5mm，它的长度规格有150mm、300mm、1000mm等多种。主要用来量取尺寸、测量工件，也可作为划线时的导向工具。

2）划线平台。划线平台由铸铁制成，工作表面（上平面）经过精刨或刮削加工，作为划线时的基准平面。

3）划针。划针是在工件上划线的基本工具，由弹簧钢丝或工具钢制成，划针的直径一般为$\phi3 \sim \phi4$mm，尖端用手工磨成15°～20°的尖角，并经热处理淬火使其硬化。

4）划规。划规用来划圆和圆弧、等分线段、等分角度及量取尺寸等。划规一般用中碳钢或工具钢制成，两脚尖端淬硬并刃磨。常用的划规有普通划规、扇形划规和弹簧划规。

5）样冲。样冲用于在工件所加工线条上打样冲眼，作为划圆弧或钻孔时的定位中心。样冲一般用工具钢制成，尖端处淬硬，其顶尖处角度为60°左右。

6）划针盘。划针盘是在工件上划线和校正工件位置常用的工具。划针的直头端用来划线，弯头端用于对工件安装位置的找正。

7）90°角尺。在划线时常用作划平行线或垂直线的导向工具，也可用来找正工件表面在划线平台上的垂直位置。

8）高度尺。常见的高度尺有普通高度尺和高度游标卡尺两种。

9）方箱。方箱是灰铸铁制成的，一般100mm×100mm×100mm，尺寸精度在0.01mm之内，相对平面互相平行，相邻平面互相垂直，公差均在0.01mm之内。

10）V形铁。V形铁主要用来安放轴、套筒、圆盘等圆形工件，以便找中心和划出中心线。

★常见题型

1）划针划线时，上部向外侧倾斜成____________角，向划线方向倾斜____________角。

2）常用的划规有____________、____________和____________。

【知识要点三】 錾子的角度

1）錾削的概念。用锤子打击錾子对金属进行切削加工的方法称为錾削。钳工常用的錾子有阔錾（扁錾）、窄錾（尖錾）、油槽錾和扁冲錾四种。

2）錾削时的角度如图1－3所示。

①正交楔角β_o。錾子前刀面与后刀面之间的夹角称为楔角。正交楔角越大，刃部的强度就越高，但受到的切削阻力也越大。一般，錾削硬材料时，正交楔角可大些，錾削软材料时，正交楔角应小些。

②后角α_o。后刀面与切削平面之间的夹角称为后角，后角的大小由錾削时錾子被握的位置决定，一般取5°～8°。

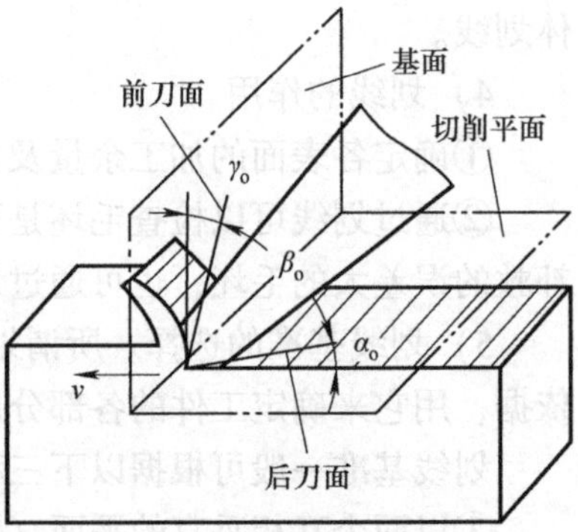

图1－3 錾削时的角度

錾削时后角 α_o 太大，会使錾子切入材料太深，这样的话錾子錾不动，甚至损坏錾子刃口；若后角 α_o 太小，錾子容易从材料表面滑出，同样不能錾削，即使能錾削，由于切入很浅，效率也不高。

③前角 γ_o。前刀面与基面之间的夹角，錾切时，可减小切屑的变形。前角越大，錾削越省力。

★常见题型

錾子切削部分由________刀面、________刀面和两面交线__________组成。经热处理后，硬度达到__________。

【知识要点四】 錾子的刃磨

1）刃磨錾子的方法。将錾子搁在旋转的砂轮轮缘上，但必须高于砂轮的中心，在砂轮的全宽上做左右移动，要控制握錾子的方向、位置，保证磨出所需要的楔角。锋口的两面要交替刃磨，保证一样宽。

2）刃磨錾子的要求。楔角的大小与工件硬度相适应；楔角被錾子中心线等分；锋口两面相交成一直线。

3）錾子的淬火。锻好的錾子一定要经过淬火后才能使用。为了防止淬火后在刃磨时退火，并便于淬火时观察，一般把锻好的錾子粗磨后进行淬火。

★常见题型

退火后的錾子必须重新__________。但是，一般避免__________，那样的话会使錾子脱碳而淬不硬或__________________。

【知识要点五】 錾削基本操作

1）錾削姿势。

①锤子的握法。紧握法和松握法。

②錾子的握法。正握法和反握法。

③挥锤方法。腕挥、肘挥和臂挥。

④錾削站立的姿势。左脚跨前半步，两腿自然站立，人体重心稍微偏向右方，视线要落在工件的切削部分。

⑤锤击要领。挥锤、锤击和要求。

2）錾削方法。

①錾削板料。

②錾削平面。

③錾削油槽。

★常见题型

錾削即将结束时，要防止工件边缘材料__________，当錾削接近尽头__________时，必须调头錾去余下部分。

【知识要点六】 锯削工具

1）锯削概念。用手锯对材料或工件进行切断或切槽的操作称为锯削。锯削工件的平面度最高可达 0.2mm。

2）锯弓。锯弓用来夹持锯条，它有可调式和固定式两种。

3）锯条。

①锯条的材料。锯条的材料常用优质碳素工具钢 T10A 和 T12A 制成，经热处理后硬度可达 60 ~ 64HRC。

②锯条的规格。锯条的规格主要包括长度和齿距。

③锯齿的几何切削角度。常用锯条的锯齿角度：后角 α 为 40° ~ 50°，楔角 β 为 45° ~ 50°，前角 γ 为 0°。

④锯路。锯条的锯齿按一定规律左右错开排列成一定的形状，从而形成锯路，常见的锯路有交叉形和波浪形。

⑤锯条粗细的选择。锯条粗细的选择应由工件材料的硬度和厚度来决定。

★常见题型

锯齿的粗细是以锯条每________长度内的齿数表示的。

【知识要点七】 锯削基本操作

1）工件的夹持。工件的夹持应该稳当、牢固、不可动弹。

2）锯条的安装。锯条的安装应使齿尖的方向向前。在调节锯条松紧时，通过翼形螺母来控制，锯条不能太紧或太松。

3）锯削姿势。锯削时的站立位置与錾削基本相似。握锯弓的时候，要舒展自然，右手满握锯柄，左手轻扶锯弓前端。

4）起锯。起锯有远起锯和近起锯两种，无论是远起锯还是近起锯，起锯角约在 15°为宜，如果起锯角太大，则起锯不易平稳。

5）压力和速度。

①压力。锯削时，推力和压力由右手控制，左手主要配合右手扶正锯弓。锯削硬材料时，因不易切入，压力应该大些，防止产生打滑现象；锯削软材料时，压力应该小些，防止产生咬住现象。

②速度。锯削时，锯削速度以 20 ~ 40 次/min 为宜。锯削软材料时，速度可以快些；锯削硬材料时，速度应慢些。

★常见题型

锯削时，起锯的行程要短、压力要小、速度要慢，起锯角一般在________左右。

【知识要点八】 锉刀的相关知识

1）锉削的概念。用锉刀对工件表面进行切削加工，使其尺寸、几何公差和表面粗糙度等都达到要求，这种加工方法称为锉削。锉削精度可达 0.01mm，表面粗糙度值可达 Ra 0.8μm。

2）锉刀。锉刀由碳素工具钢 T12、T13 或 T12A、T13A 制成，经热处理淬硬，其切削部分的硬度达到 62HRC 以上。

①锉刀的组成。锉刀由锉身和锉柄两部分组成。锉刀面是锉削的主要工作面，锉刀舌则用来装锉刀柄。

②锉齿和锉纹。

a. 锉刀有无数个锉齿，锉削时每个锉齿都相当于一把錾子在对材料进行切削。

b. 锉纹是锉齿有规律排列的图案。锉刀的齿纹有单齿纹和双齿纹两种。

③锉刀的种类。锉刀按其用途不同可分为钳工锉、异形锉和整形锉三种。

a. 钳工锉按其断面形状又可分为平锉、方锉、三角锉、半圆锉和圆锉五种。

b. 异形锉有刀口锉、菱形锉、扁三角锉、椭圆锉、圆肚锉等。

c. 整形锉主要用于修整工件细小部分的表面。

④锉刀的规格。锉刀的规格分尺寸规格和齿纹粗细规格两种。

a. 方锉刀的尺寸规格以方形尺寸表示；圆锉刀的规格用直径表示；其他锉刀则以锉身长度表示。

b. 齿纹粗细规格，以锉刀每 10mm 轴向长度内主锉纹的条数表示。

⑤锉刀的选用。

a. 根据被锉削工件表面形状选用。

b. 根据工件材料的性质、加工余量的大小、加工精度、表面粗糙度要求选用。

★常见题型

1）锉刀用________钢制成，经热处理后切削部分硬度可达________以上。

2）锉刀分为________、________和________三种。按其规格分为锉刀的________规格和齿纹________规格。

【知识要点九】 锉削的基本操作

1）锉刀握法。

①大锉刀握法。

②中型锉刀握法。

③小型锉刀握法。

④整形锉刀握法。

⑤异形锉刀握法。

2）锉削姿势动作。进行锉削时，身体的重量放在左脚上，右膝伸直，脚始终站稳不移动，靠左膝的屈伸而做往复运动。

3）锉削时两手的用力和锉削速度。在推锉的过程中，两手的用力应不断变化：开始推锉时，左手压力要大，右手压力要小而推力大，随着锉刀推进，左手压力减小，右手压力增大。当锉刀推到中间时，两手压力相同。再继续推进锉刀时，左手压力逐渐减小，右手压力逐渐增大，左手起引导作用，推到最前端位置时两手用力。锉刀回程时不加压力，以减少锉齿的磨损。

锉削速度一般应在 40 次/min 左右，推出时稍慢，回程时稍快，动作要自然、协调。

4）锉削的基本方法。

①平面锉削。顺向锉、交叉锉、推锉。

②外圆弧面锉削。顺着圆弧面锉削、横着圆弧面锉削。

5）锉削平面的检验方法。检验工具有刀口形直尺、90°角尺、游标角度尺等。刀口形直尺、90°角尺可检验工件的直线度、平面度及垂直度。

★常见题型

1）平面锉削的方法有________、________和推锉三种。

2）锉削外圆弧时，要同时完成两个动作：________和________的转动。

【知识要点十】 锉削产生废品的形式分析及锉刀的维护与保养

1）锉削产生废品的形式。工件夹坏、平面中凸、工件形状不正确、表面不光洁、锉掉了不应锉的部位。

2）锉刀的维护与保养。

①新锉刀要先使用一面，用钝后再使用另一面。

②在粗锉时，应充分使用锉刀的有效全长，既可提高锉削效率，又可避免锉齿局部磨损。

③锉刀上不可沾油与沾水。

④如锉屑嵌入齿缝内必须及时用钢丝刷沿着锉齿的纹路进行清除。

⑤不可锉毛坯件的硬皮及经过淬硬的工件。

⑥铸件表面如有硬皮，应先用砂轮磨去或用旧锉刀和锉刀的齿侧边锉去，然后再进行正常锉削加工。

⑦锉刀使用完毕后必须清刷干净，避免生锈。

⑧锉刀在使用过程中或放入工具箱时，不可与其他工具或工件堆放在一起，也不可与其他锉刀互相重叠堆放，以免损坏锉齿。

★常见题型

锉削时不可__________锉削后的工件表面，以免再锉时锉刀__________，使操作者身体失去平衡而出危险。

【知识要点十一】 钻孔相关知识

1）麻花钻的构成。麻花钻一般用高速钢制成，淬火后62～68HRC。麻花钻由柄部、颈部和工作部分组成，颈部一般标注钻头的规格、材料、标号等。

2）麻花钻的刃磨。刃磨麻花钻主要刃磨两个主切削刃及其后角。刃磨后的两个主切削刃应对称，顶角和后角的大小，应根据麻花钻直径的大小以及加工材料的性质选择。横刃斜角是在刃磨主切削刃和后角时自然形成的，它与后角的大小有关。

3）麻花钻的修磨。为了提高标准麻花钻切削性能，可对标准麻花钻的几何角度和形状做适当修磨，主要包括：修磨前刀面、修磨横刃、磨多重顶角、磨圆弧刃、磨分屑槽。

4）钻削用量的选择。一般情况下，直径30mm以下的孔可一次钻出；直径大于30mm的孔，为减小切削深度，可以分两次钻出，即先用等于0.5～0.7倍孔径的钻头钻孔，然后再扩孔到所需孔径。

进给量是影响钻孔表面粗糙度的主要因素，切削速度是影响钻头耐用度的主要因素。因此，选择钻削用量，应根据工件表面粗糙度、孔径大小、孔的深度以及工件材料的硬度、强度等多方面因素综合考虑。

5）工件的装夹。平整的工件用平口钳装夹，圆柱形的工件用V形块装夹、压板装夹、卡盘装夹、角铁装夹、台虎钳装夹。

6）钻孔安全文明生产。认真执行钻孔时安全文明生产及注意事项9条。

★常见题型

1）钻孔时，主运动是________________；进给运动是________________。

2）钻削用量包括：________________、________________、________________。

3）麻花钻一般用______________制成，淬硬至______________。

【知识要点十二】 扩孔相关知识

1）扩孔的定义。用扩孔钻对工件上已有孔进行扩大加工的方法，称为扩孔。工件经扩孔后，一般尺寸精度可达 IT9 ~ IT10，表面粗糙度值可达 *Ra* 3.2 ~ 12.5μm，常作为孔的半精加工及铰孔前的预加工。

2）底孔直径的确定。

①当采用麻花钻扩孔时，底孔直径一般为要求直径的0.5 ~ 0.7倍。

②当采用扩孔钻扩孔时，底孔直径一般为要求直径的0.9倍。

3）扩孔时的注意事项。

①扩孔钻多用于成批大量生产。

②钻孔后，在不改变钻头与机床主轴相互位置的情况下，应立即换上扩孔钻进行扩孔，使钻头与扩孔钻的中心重合，保证加工质量。

★常见题型

用扩孔钻对工件上已有孔进行____________的方法，称为扩孔。工件经扩孔后，一般尺寸精度可达____________，表面粗糙度值可达____________。

【知识要点十三】 锪孔相关知识

1）锪孔的定义。用锪钻刮平孔的端面或切出沉孔的方法，称为锪孔。

2）常见的锪孔应用。锪圆柱形埋头孔、锪锥形埋头孔、端面锪孔。

3）锪孔时的注意事项。

①尽量选用较短的钻头，保证改制后钻头切削刃高低一致，角度对称。

②保证底孔与锪孔同轴，工件要装夹牢固。

③要适当减小锪钻的后角和外缘处的前角。

④锪孔时的切削速度一般为钻孔时的1/3~1/2。

⑤锪钢件时，因切削热量较大，需在切削表面上加注切削液。

⑥为控制锪孔深度，应经常测量，必要时，可定位机床标尺来确保锪孔深度。

★常见题型

锪钻分为____________、____________、____________三种。

【知识要点十四】 铰孔相关知识

1）铰孔的定义。用铰刀从工件孔壁上切除微量金属层，以提高其尺寸精度和降低表面粗糙度值的方法，称为铰孔。铰孔后可获得 IT7 ~ IT9 级的孔，表面粗糙度值可达 *Ra* 0.8 ~ 3.2μm。

2）铰刀的概念。

①铰刀的组成。铰刀由柄部、颈部和工作部分组成。工作部分又分切削部分和校准部分。切削部分担负切去铰孔余量的任务。校准部分有棱边，主要起定向、修光孔壁、保证铰孔直径和便于测量等作用。

②铰刀的种类。铰刀有手铰刀和机铰刀两种。

按铰刀用途不同有圆柱形铰刀和圆锥形铰刀，圆柱形铰刀又分固定式和可调式。

3）铰削用量。铰削用量包括铰削余量、切削速度和进给量。

★常见题型

____________是铰孔所用的刀具，铰孔可达到的尺寸公差等级为____________，表面粗糙度值可达____________。

【知识要点十五】 攻螺纹相关知识

1）攻螺纹定义。用丝锥在工件孔中切削出内螺纹的加工方法称为攻螺纹。

2）攻螺纹工具。

①丝锥。丝锥是加工内螺纹的工具，由工作部分和柄部组成。工作部分包括切削部分和校准部分。丝锥按加工方法分有：机用丝锥和手用丝锥两种。按加工螺纹的种类不同有：普通螺纹丝锥、圆柱管螺纹丝锥和圆锥管螺纹丝锥。

②铰杠。铰杠是手工攻螺纹时用来夹持丝锥的工具，分普通铰杠和丁字铰杠两类。丁字铰杠适用于在高凸台旁边和箱体内部攻螺纹。各类铰杠又可分为固定式和活络式两种。

3）攻螺纹底孔直径的确定。

①在加工钢和塑性较大的材料及扩张量中等的条件下

$$D_{钻} = D - P$$

②在加工铸铁和塑性较小的材料及扩张量较小的条件下

$$D_{钻} = D - (1.05 \sim 1.1)P$$

4）攻不通孔螺纹底孔深度的确定

$$H_{钻} = h_{有效} + 0.7D$$

5）攻螺纹的方法。

①钻孔后，孔口须倒角，且倒角处的直径应略大于螺纹大径。

②工件的装夹位置应尽量使螺孔的中心线置于垂直或水平位置。

③用头锥起攻。

④当丝锥切入3~4圈螺纹时，只需转动铰杠即可，不需要再施加压力。

⑤攻螺纹时，每扳转铰杠1/2~1圈，要倒转1/4~1/2圈，使切屑断碎后容易排出。

⑥丝锥退出时，先用铰杠平稳反向转动，当能用手旋动丝锥时，停止使用铰杠，防止铰杠带动丝锥退出，从而产生摇摆、振动并降低螺纹表面粗糙度。

★常见题型

1）丝锥是加工__________的工具，有__________丝锥和__________丝锥两种。

2）成组丝锥通常是M6~M24的丝锥，一组有________支；M6以下及M24以上的丝锥，一组有________支。

【知识要点十六】 套螺纹相关知识

1）套螺纹定义。用板牙在圆杆上切出外螺纹的加工方法称为套螺纹。

2）套螺纹工具。

①板牙。板牙是加工外螺纹的工具，它用合金工具钢或高速工具钢制作并经淬火处理。由切削部分、校准部分和排屑孔组成。

②板牙架。板牙架是装夹板牙的工具，板牙放入后，用螺钉紧固。

3）套螺纹前圆杆直径的确定。一般圆杆直径用下式计算

$$d_{杆} = d - 0.13P$$

4）套螺纹的方法。

①套螺纹时，为了使板牙容易切入材料，圆杆端部要倒成锥角。

②套螺纹时切削力矩较大，圆杆工件要用V形钳口或厚铜板做衬垫，才能够牢固

夹持。

③起套时，要使板牙的端面与圆杆垂直。

④进入正常套螺纹状态时，不要再加压，应让板牙自然引进，以免损坏螺纹和板牙，并要经常倒转断屑。

⑤在钢件上套螺纹时要加切削液，以提高螺纹表面质量和延长板牙寿命。

⑥每次套螺纹前，应将板牙容屑孔内及螺纹内的切屑除净，将板牙用油清洗，否则要影响工件的表面粗糙度。

★常见题型

套螺纹时，材料受到板牙切削刃挤压而变形，所以套螺纹前__________直径应稍小于__________大径的尺寸。

【知识要点十七】 刮削基本概念

1）刮削定义。用刮刀在工件表面上刮掉一层很薄的金属，这种操作称为刮削。

2）刮削原理。刮削是将工件与校准工具或与其相配合的工件之间涂上一层显示剂，经过对研，使工件上较高的部位显示出来，将高点刮去，经过多次循环研配，把高点、次高点刮去。

3）刮削特点。刮削具有切削量小、切削力小、产生热量小、装夹变形小等特点，能获得很高的尺寸精度、几何精度、接触精度、传动精度和很小的表面粗糙度值。

4）刮削余量。机械加工所留下的刮削余量不能太大，否则会耗费很多时间以及不必要地增加劳动强度。但是也不能太小，否则不能刮削出正确的形状、尺寸和很好的表面粗糙度。合理的刮削余量与工件面积有关。

5）刮削种类。

①平面刮削。平面刮削一般要经过粗刮、细刮、精刮和刮花四道工艺。

②曲面刮削。曲面刮削有内圆柱面、内圆锥面和球面刮削等。

★常见题型

1）经过刮削的工件能获得很高的____________精度、几何精度、____________精度、____________精度和很小的表面____________。

2）平面刮削又分为__________平面刮削和____________平面刮削。

【知识要点十八】 刮削工具

1）刮刀。刮刀是刮削的主要工具，具有高的硬度，使刃口能经常保持锋利。刮刀的材料一般由 T12A 碳素工具钢或耐磨性较好的 GCr15 滚动轴承钢锻造，并经磨制和热处理淬硬而成。

①平面刮刀。用来刮削平面和外曲面。平面刮刀又分普通刮刀和活头刮刀两种。

②曲面刮刀。用来刮削内曲面，如滑动轴承等。曲面刮刀又分为三角刮刀、柳叶刮刀和蛇头刮刀三种。

2）校准工具。校准工具是用来推磨研点和检验刮削面准确性的工具。

①标准平板。标准平板用来检验宽的平面。

②校准直尺。校准直尺用来检验狭长的平面。

③角度直尺。角度直尺用来检验燕尾导轨的角度。

3）显示剂。工件和校准工具对研时，所加的涂料称为显示剂，其作用是显示工件误差的位置和大小。

①显示剂的种类：红丹粉和蓝油。

②显示剂的使用方法。粗刮时，可调得稀些，这样在刀痕较多的工件表面上便于涂抹，显示的研点也大；精刮时，应调得稠些，涂抹要薄而均匀，这样显示的研点细小，否则，研点会模糊不清。

★常见题型

平面刮刀用于刮削__________和____________，一般多采用T12A钢制成。三角刮刀用于刮削__________。

【知识要点十九】 刮削姿势及刮削精度检验

1）刮削姿势。

①手推式刮法。右手握刀柄，左手四指向下握住距刮刀头部50~70mm处。左手靠小拇指掌部贴在刀背上，刮刀与刮削面成25°~30°角。同时，左脚前跨一步，上身前倾，身体重心偏向左脚。刮削时刀头找准研点，右臂利用上身摆动向前推，同时左手下压，落刀要轻并引导刮刀前进方向；左手在研点被刮削的瞬间，以刮刀的反弹作用力迅速提起刀头，刀头提起的高度为5~10mm，如此完成一个刮削动作。

②挺刮式刮法。将刮刀柄顶在小腹右下侧，左手在前，掌心向下；右手在后，掌心向上，在距刮刀头部70~80mm处握住刀身。刮削时刀头对准研点，左手下压，右手控制刀头方向，利用腿部和臀部的力量往前推动刮刀；在研点被刮削的瞬间，双手利用刮刀的反弹作用力迅速提起刀头，刀头提起的高度为5~10mm。

2）刮削精度的检验。检验刮削精度的方法主要有下列三种。

①以接触点数目检验接触精度。

②用百分表检验平行度。

③用标准圆柱检验垂直度。

★常见题型

检查刮削质量方法有：用边长为25mm的正方形方框内的研点数来决定__________精度；用百分表检验____________。

【知识要点二十】 研磨基本概念

1）研磨定义。通过研磨工具（简称研具）和研磨剂，从工件表面磨去一层极薄的金属，使工件具有精确的尺寸、准确的几何形状和很高的表面粗糙度，这种对工件表面进行最后一道精加工的工序，称为研磨。

2）研磨原理。研磨时，加在研具上的磨料，在受到工件和研具的压力后，部分磨料被嵌入研具内。同时由于研具和工件做复杂的相对运动，磨料在工件和研具之间做滑动和滚动，产生切削、挤压作用，而每一磨粒不会在表面上重复自己的运动轨迹，这样磨料就在工件表面上切去很薄的一层金属。

3）研磨目的。

①减小表面粗糙度值，一般情况表面粗糙度值为 Ra 0.1~1.6μm，最小值可达 Ra 0.012μm。

②能达到精确的尺寸精度。研磨后的尺寸精度可达到0.001~0.005mm。

4）研磨余量。研磨是工件最后的一道精加工工序，要使工件达到精度和表面粗糙度要求，研磨余量要适当，一般每研磨一遍所磨去的金属层厚度不超过0.002mm，因此研磨余量不宜过大，通常研磨余量在0.005～0.030mm范围内比较适宜。

★常见题型

研磨后的零件，由于______小、形状准确，所以零件的______、______和______相应地提高，延长了零件的使用寿命。

【知识要点二十一】 研具材料及研磨剂

1）研具材料。研磨时，要使磨料嵌入研具而不会嵌入工件内，研具的材料要比工件软，但不要太软，否则会使磨料全部嵌入研具而失去研磨的作用。

常用的研具材料有：灰铸铁、球墨铸铁、软钢和铜。

2）研磨剂。研磨剂是由磨料和研磨液混合而成的一种混合剂。

①磨料。磨料在研磨中起切削作用，研磨工作的效率、工件的精度和表面粗糙度都与磨料有密切的关系，磨料的粗细用粒度表示。

常用的磨料有三类：氧化物磨料、碳化物磨料和金刚石磨料。

②研磨液。研磨液在研磨过程中起四个作用：调和磨料、润滑、冷却和化学作用。

③油石。除了用研磨剂研磨外，还可用各种形状的磨石来进行研磨。

★常见题型

1）研磨剂是由______和______调和而成的混合剂。

2）常用的研磨液有______、______、______和______全损耗系统用油、______等。

【知识要点二十二】 研磨要点

1）研磨运动轨迹。

①直线往复式。常用于研磨有台阶的狭长平面。

②直线摆动式。用于研磨某些圆弧面。

③螺旋式。用于研磨圆片或圆柱形工件的端面。

④8字形或仿8字形式。常用于研磨小平面工件。

2）圆柱面研磨。工件由车床带动，并均匀涂抹研磨剂，用手推动研磨环，通过工件的旋转和研磨环在工件上沿轴线方向做往复运动进行研磨。

一般工件的转速，在直径小于80mm时为100r/min；直径大于100mm时为50r/min。

3）圆锥面研磨。研磨锥形表面的工件，应用带有锥度的研磨棒。研磨棒的锥度应与工件内孔或轴的锥度相同。在研磨棒上开有螺旋槽，以嵌入研磨剂。

4）研磨压力和速度。

①压力。压力太大，研磨切削量虽大，但表面粗糙度差，且容易把磨料压碎而使表面划出深痕。一般情况粗磨时压力可大些，精磨时压力应小些。

②一般情况，粗研磨时速度为40～60次/min；精研磨时速度为20～40次/min。

★常见题型

在车床上研磨外圆柱面，是通过工件的______和研磨环在工件上沿______方向做______运动进行研磨。

工具钳工——练习卷1

班级______ 学号______ 姓名______ 成绩______

一、划线

1. 需要在工件几个互成不同角度的表面上划线，才能明确表示加工界限的，称为______。

2. 划线是机械加工的主要______之一，广泛应用于______和______生产，是钳工必须掌握的一项重要操作。

3. 所谓划线基准，是指在划线时选择工件上的某个______、______作为依据。

4. 划线平台由______制成，工作表面经过______和______加工，作为划线时的基准平面。

5. 划针的直径一般为______，尖端用手工磨成______的尖角，并经热处理淬火使其硬化。

6. 划规可用来划______或______、______、______及量取尺寸等。

7. 90°角尺在划线时常用作划______或______的导向工具，也可用来找正工件表面在划线平台上的______位置。

8. 普通高度尺，它由______和______组成，用以给划针盘量取高度尺寸。

9. 样冲一般用______制成，尖端处淬硬，其顶尖处角度为______左右。

10. 划线工具和设备使用完后，应及时______、______，并涂上______防锈。

二、錾削

1. 錾子由______、______及______三部分组成，头部有一定的______，顶端略带球形。

2. 錾子的切削部分由______、______以及它们的交线形成的______组成。

3. 钳工常用的錾子有______、______、______和______四种。

4. 锤子是钳工常用的敲击工具，由______、______和______组成。

5. 錾削即将结束时，要防止工件边缘材料______，当錾削接近尽头______时，必须______錾去余下部分。

6. 用扁錾錾削平面时每次錾削厚度______，在錾削较宽的平面时，一般先用______以适当间隔开出工艺直槽，然后再用扁錾将槽间______錾平。

7. 錾削时常见缺陷形式有______、______、

________、________________、________________。

8. 錾削脆性金属时，要从________________，以免把边缘的材料________。

三、锯削

1. 锯削工件的平面度最高可达____________。

2. 手锯由________和____________构成。

3. 锯弓用来______________，它分____________和____________两种。

4. 用锯条锯削工件时，工件的夹持应该__________、______、________。

5. 锯条一般用________________和____________制成，并经____________淬硬。

6. 为保证锯削质量，在锯削过程中，应根据工件材料____________、__________、______________、______________等要求合理选用。

7. 在调节锯条松紧时，通过________________来控制，锯条不能__________或________。

8. 正常锯削时，往复行程不宜____________，往复长度不小于锯条全长的______________。

9. 锯削时，锯削速度以______________________为宜。锯削软材料时，速度可以________；锯削硬材料时，速度可以__________。

10. 锯削时，推力和压力由__________控制，__________主要配合__________扶正锯弓。

四、锉削

1. 用锉刀对工件表面进行切削加工，使其__________、__________、__________和__________等都达到要求，这种加工方法称为锉削。

2. 锉削一般是在________、__________之后对工件进行的精度较高的加工，其精度可达______________，表面粗糙度值可达____________。

3. 锉刀由__________和____________两部分组成。

4. 锉刀的齿纹有______________和______________两种。

5. 整形锉主要用于______________________________。

6. 齿纹粗细规格，以锉刀______________________内主锉纹的条数表示。

7. 锉削速度一般应在______________左右，退出时____________，回程时____________，动作要自然、协调。

8. 锉削方法有三种：____________、__________________和__________。

9. 锉削外圆弧有两种方法：__________________和__________________。

10. 锉削时不能用__________吹锉屑，要用__________清除锉屑。

五、孔加工

1. 麻花钻由__________、____________和__________组成。

2. 刃磨麻花钻主要要刃磨两个______________及其____________。

3. 麻花钻修磨横刃主要是________________，横刃修磨后的长度为原来的________________。

4. 麻花钻修磨多重顶角主要是改善________________和________________交点处的散热条件，提高钻头的____________。

5. 钻孔切削用量主要是指__________和__________，__________由钻头大小决定。

6. 进给量是影响钻孔__________的主要因素，切削速度是影响钻头__________的主要因素。

7. 轴的精度要求高，切削用量可选__________；孔的精度要求低，切削用量可选__________。

8. 锪孔时，进给量为钻孔时的__________，切削速度为钻孔切削速度的__________。

9. 用作加工定位销孔的锥铰刀，其锥度为__________，这样能使铰出的锥孔与__________紧密配合。

10. 铰削用量包括__________、__________和__________。

六、螺纹加工

1. 丝锥是加工__________的工具，由__________和__________组成。

2. 铰杠是手工攻螺纹时用来__________的工具，分__________和__________两类。

3. 攻螺纹时，每扳转铰杠__________圈，要倒转__________圈，使切屑断碎后排出，避免因切屑阻塞而使丝锥卡死。

4. 用板牙在圆杆上切出外螺纹的加工方法称为__________。

5. 圆板牙就像一个__________，只是在其上钻有几个__________并形成刀刃。

6. 起套时，要使板牙的端面与圆杆__________。要在转动板牙时施加__________，转动__________，压力__________。

七、刮削

1. 刮削具有__________、__________、__________、__________等特点。

2. 平面刮削一般要经过__________、__________、__________和__________四道工艺。

3. 曲面刮削有__________、__________和__________刮削等。

4. 刮削时，由于工件的形状不同，因此要求刮刀有不同的形式，一般分为__________和__________两大类。

5. 工件和校准工具对研时，所加的涂料称为__________，其作用是显示工件误差的__________和__________。

6. 蓝油是用__________和__________及适量__________调和而成的，呈__________，其研点小而清楚，多用于精密工件和非铁金属及其合金的工件。

7. 目前常采用的刮削姿势有两种：一种是__________，另一种是__________。

8. 显示剂使用得是否正确与__________有很大的关系。

八、研磨

1. 研磨的目的：__________、__________、__________。

2. 研磨余量要适当，一般每研磨一遍所磨去的金属层厚度不超过＿＿＿＿＿＿，因此研磨余量不宜过大，通常研磨余量在＿＿＿＿＿＿范围内比较适宜。

3. 常用的研磨材料有：＿＿＿＿＿＿、＿＿＿＿＿＿、＿＿＿＿＿＿、＿＿＿＿＿＿。

4. 磨料的粗细用＿＿＿＿＿＿表示，有＿＿＿＿＿＿表示方法。

5. 常用的磨料有：＿＿＿＿＿＿、＿＿＿＿＿＿和＿＿＿＿＿＿。

6. 手工研磨运动轨迹有：＿＿＿＿＿＿、＿＿＿＿＿＿、＿＿＿＿＿＿、＿＿＿＿＿＿。

7. 外圆柱面研磨工件时，一般工件的转速在直径小于80mm时为＿＿＿＿＿＿；直径大于100mm时为＿＿＿＿＿＿。

8. 一般情况，粗研磨时速度为＿＿＿＿＿＿；精研磨时速度为＿＿＿＿＿＿。

工具钳工——练习卷 2

班级__________ 学号__________ 姓名__________ 成绩__________

一、填空题

1. 立体划线要选择________划线基准。

2. 锯削时的锯削速度以每分钟往复__________为宜。

3. 錾削时，__________是锤击力最大的挥锤方法。

4. ________是在锉刀工作面上起主要锉削作用的锉纹。

5. 攻不通孔螺纹时，底孔深度要________所需的螺孔深度。

6. 齿纹粗细规格，以锉刀____________________主锉纹的条数表示。主锉纹指锉刀上起________________的齿纹；而另一个方向上起分屑作用的齿纹，称为________________。

7. 对刮削面进行粗刮时应采用________法。

8. 錾子的好坏直接影响到____________________的优劣和________________的高低。

9. 铰削时必须选用适当的切削液来减少__________，并降低刀具和工件的________________。

10. 曲面刮刀分为____________、____________和____________三种。

二、判断题

1. 普通钻床，根据其结构和适用范围不同可分为台钻、立钻和摇臂钻三种。 (　　)

2. 在台钻上适宜进行锪孔、铰孔和攻螺纹等加工。 (　　)

3. 由于铰孔的扩张量和收缩量较难准确地确定，铰刀直径可预留 0.01mm 的余量，通过试铰以后研磨确定。 (　　)

4. 铰削铸铁件时，加煤油可造成孔径缩小。 (　　)

5. 錾子切削部分热处理时，其淬火硬度越高越好，以增加其耐磨性。 (　　)

6. 选择锉刀尺寸规格，取决于加工余量的大小。 (　　)

7. 显示剂蓝油常用于非铁金属的刮削，如铜合金、铝合金。 (　　)

8. 孔的精度要求较高和表面粗糙度值要求较小时，应选用主要起润滑作用的切削液。 (　　)

9. 在圆杆上套螺纹时，要始终施以压力，并连续不断地旋转，这样套出的螺纹精度高。 (　　)

10. 划线时用已确定零件各部位尺寸、几何形状及相应位置的依据称为设计基准。(　　)

11. 锯路就是锯条在工件上锯过的轨迹。 (　　)

12. 锉刀不可作为撬棒或锤子用。 (　　)

13. 研磨液在研磨中起调和磨料、冷却和润滑的作用。 (　　)

14. 研磨的基本原理包括物理和化学综合作用。 (　　)

15. 划线时，都应从划线基准开始。 (　　)
16. 錾削时，錾子所形成的切削角度有前角、后角和楔角，三个角之和为90°。 (　　)
17. 钻小孔时，应选择较大的进给量和较低的转速。 (　　)
18. 在韧性材料上攻螺纹不可加切削液以免降低螺纹表面粗糙度。 (　　)
19. 扩孔时的切削速度为钻孔的1/2。 (　　)
20. 锯削时，无论远起锯或近起锯，起锯的角度都要大于15°。 (　　)

三、选择题

1. 钻床夹具有固定式、移动式、盖板式、翻转式和（　　）。
   A. 回转式　B. 流动式　C. 摇臂式　D. 立式
2. 扁錾正握，其头部伸出约（　　）。
   A. 5mm　B. 10mm　C. 20mm　D. 30mm
3. 锉削速度一般为每分钟（　　）。
   A. 20～30次　B. 30～60次　C. 40～70次　D. 50～80次
4. 锯条在制造时，使锯齿按一定的规律左右错开，排列成一定形状，称为（　　）。
   A. 锯齿的切削角度　B. 锯路　C. 锯齿的粗细　D. 锯削
5. 当丝锥（　　）进入工件时，就不需要再施加压力，而靠丝锥自然旋进切削。
   A. 切削部分　B. 工作部分　C. 校准部分　D. 全部
6. 蓝油适用于（　　）刮削。
   A. 铸铁　B. 钢　C. 铜合金　D. 任何金属
7. 精刮时，刮刀的顶端角度应磨成（　　）。
   A. 92.5°　B. 95°　C. 97.5°　D. 75°
8. 对孔的表面粗糙度影响较大的是（　　）。
   A. 切削速度　B. 钻头刚度　C. 钻头顶角　D. 进给量
9. 在中碳钢上攻M10×1.5螺孔，其底孔直径应是（　　）。
   A. 10mm　B. 9mm　C. 8.5mm　D. 7mm
10. 孔径较大时，应取（　　）的切削速度。
   A. 任意　B. 较大　C. 较小　D. 中速

四、简答题

1. 划线的作用有哪些？

2. 常见的尺寸基准有哪几种？

3. 锯削时工件的夹持有哪些要求？

4. 什么是铰削余量？铰削余量大小对铰孔有哪些影响？

工具钳工——复习卷

班级________ 学号________ 姓名________ 成绩________

一、填空题

1. 划线时V形铁用来安放________工件。

2. 錾削时，錾子切入工件太深的原因是________。

3. 为了使锉削表面光滑，锉刀的锉齿沿锉刀轴线方向成________排列。

4. 单齿纹锉刀适合锉削________材料，双齿纹锉刀适用于锉削________材料。

5. 划线除要求划出的线条________、均匀外，最重要的是要保证________。

6. 选择錾子楔角时，在保证足够________的前提下，尽量取________数值。根据工件材料硬度不同，选取合适的楔角数值。

7. 钻床一般可完成________孔、________孔、________孔、________孔和攻螺纹等加工工作。

8. 一组等径丝锥中，每支丝锥的大径、________、________都相等，只是切削部分的________及________不相等。

9. 刮花的目的是使刮削面________，并使滑动件之间形成良好的________。

10. 圆柱面研磨一般以________配合的方法进行研磨。

二、判断题

1. 铰刀的切削厚度较小，磨损主要发生在后刀面上，所以重磨沿后刀面进行。（ ）

2. 大型工件划线时，如果没有长的钢直尺，可用拉线代替，没有大的直角尺则可用线坠代替。（ ）

3. 开始攻螺纹时，应先用二锥起攻，然后用头锥整形。（ ）

4. 錾油槽时錾子的后角要随曲面而变动，倾斜度保持不变。（ ）

5. 在圆杆上套M10螺纹时，圆杆直径可加工为9.75~9.85mm。（ ）

6. 由于铰刀用于孔的精加工，所以圆柱机用铰刀设计时，其直径和公差只依据工件孔的加工尺寸和精度确定。（ ）

7. 钻半圆孔时可用一块与工件相同的废料与工件合在一起钻出。（ ）

8. 曲面刮刀主要用于刮削外曲面。（ ）

9. 碳化物磨料是研磨合金工具钢、高速钢的最好磨料。（ ）

10. 锯削管子和薄板时，必须用细齿锯条。（ ）

11. 錾子的切削部分由前刀面、后刀面和它们的交线（切削刃）组成。（ ）

12. 研具材料比被研磨的工件硬。（ ）

13. 找正和借料这两项工作是各自分开进行的。（ ）

14. 锯管子时，为避免重复装夹的麻烦，可以从一个方向锯断管子。（ ）

15. 钻孔时，冷却润滑的目的应以润滑为主。（ ）

三、选择题

1. 标准群钻的形状特点是三尖、七刃、(　　)。

A. 两槽　　B. 三槽　　C. 四槽　　D. 五槽

2. 在套螺纹过程中，材料受(　　)作用而变形，使牙顶变高。

A. 弯曲　　B. 挤压　　C. 剪切　　D. 扭转

3. 在研磨过程中，研磨剂中微小颗粒对工件产生微量的切削作用，这一作用即(　　)作用。

A. 物理　　B. 化学　　C. 机械　　D. 科学

4. 利用分度头可在工件上划出圆的(　　)。

A. 等分线　　B. 不等分线

C. 等分线或不等分线　　D. 以上叙述都不正确

5. (　　)主轴最高转速是1360r/min。

A. Z3040　　B. Z525　　C. Z4012　　D. CA6140

6. 钻直径 $D=30\sim80$mm 的孔可分两次钻削，一般先用(　　)的钻头钻底孔。

A. $(0.1\sim0.2)D$　　B. $(0.2\sim0.3)D$　　C. $(0.5\sim0.7)D$　　D. $(0.8\sim0.9)D$

7. 用半孔钻钻半圆孔时宜用(　　)。

A. 低速手动进给　　B. 高速手动进给　　C. 低速自动进给　　D. 高速自动进给

8. 在研磨中起调和磨料、冷却和润滑作用的是(　　)。

A. 研磨液　　B. 研磨剂　　C. 磨料　　D. 研具

9. 刮削具有切削量小、切削力小、装夹变形(　　)等特点。

A. 小　　B. 大　　C. 适中　　D. 或大或小

10. 研磨圆柱孔用的研磨棒，其长度为工件长度的(　　)倍。

A. 1~2　　B. 1.5~2　　C. 2~3　　D. 3~4

四、简答题

1. 试述大锉刀的握法。

2. 刮削时，显示剂的使用有哪些注意事项？

3. 划线涂料有哪几种类型？各适用于什么场合？

工具钳工——测验卷 1

班级________ 学号________ 姓名________ 成绩________

一、填空题

1. 分度头的规格是以主轴________到________的高度表示的。

2. 起錾的方法有________和________，________是錾削平面的起錾方法。

3. 为了确定錾子在切削时的几何角度，需要建立的两个平面是________和________，两者的关系为________。

4. Z3040 型摇臂钻适用于________、________型零件的孔系加工，可完成钻孔、扩孔、锪孔、铰孔、________孔和攻螺纹等。

5. 螺纹按用途分________螺纹和________螺纹。

6. 经过研磨加工后的表面粗糙度值一般为 *Ra* ________，最小值可达 *Ra* ________。

7. 钻床运转满________应进行一次一级保养。

8. 用淬硬的钢制零件进行研磨时，常用________材料作为研具。

9. 米制普通螺纹的牙型角为________。

10. 工件的表面粗糙度要求最高时，一般采用________加工。

二、判断题

1. 锉刀锉纹号的选择主要取决于工件的加工余量、加工精度和表面粗糙度。（ ）

2. 麻花钻主切削刃上各点的前角大小是相等的。（ ）

3. 分度头的分度原理：手柄心轴上的螺杆为单线，主轴上蜗轮齿数为40，当手柄转过一周，分度头主轴便转动 1/40 周。（ ）

4. 由于被刮削的表面上分布着微浅凹坑，增加了摩擦阻力，降低了工件的表面精度。（ ）

5. 刮削工作除了需要保证必要的研点数外，还应保证轴孔配合精度要求。（ ）

6. 錾子楔角越大，錾削阻力越大，但切削部分的强度越高。（ ）

7. 使用新锉刀时，应先用一面，紧接着再用另一面。（ ）

8. 一般直径在 5mm 以上的钻头，均需修磨横刃。（ ）

9. 当通孔即将钻通时，要增加进给量。（ ）

10. 螺纹的规定画法是牙顶用粗实线，牙底用细实线，螺纹终止线用粗实线。（ ）

三、选择题

1. 刮削后的工件表面，形成了比较均匀的微浅凹坑，创造了良好的存油条件，改善了相对运动件之间的（ ）情况。

A. 润滑 B. 运动 C. 摩擦 D. 机械

2. 研具的材料有灰铸铁，而（　　）材料因嵌存磨料的性能好、强度高，目前也得到广泛应用。

A. 软钢　　B. 铜　　C. 球墨铸铁　　D. 可锻铸铁

3. 分度头的主轴轴线能相对于工作台平面向上 90°和向下（　　）。

A. 10°　　B. 45°　　C. 90°　　D. 120°

4. 在研磨外圆柱面时，可用车床带动工件，用手推动研磨环在工件上沿轴线做往复运动进行研磨。若工件直径大于 100mm 时，车床转速应选择（　　）。

A. 50r/min　　B. 100r/min　　C. 250r/min　　D. 500r/min

5. 攻螺纹进入自然旋进阶段时，两手旋转用力要均匀并要经常倒转（　　）圈。

A. 1 ~ 2　　B. 1/4 ~ 1/2　　C. 1/5 ~ 1/8　　D. 1/8 ~ 1/10

6. 圆板牙的前角数值沿切削刃变化，（　　）处前角最大。

A. 中径　　B. 小径　　C. 大径　　D. 大径和中径

7. 检查曲面刮削质量，其校准工具一般是与被检曲面配合的（　　）。

A. 孔　　B. 轴　　C. 孔或轴　　D. 都不是

8. 锯路有交叉形，还有（　　）。

A. 波浪形　　B. 八字形　　C. 鱼鳞形　　D. 螺旋形

9. 使用普通高速钢铰刀在钢件上铰孔，其机铰切削速度不应超过（　　）。

A. 8m/min　　B. 10m/min　　C. 15m/min　　D. 20m/min

10. 标准丝锥切削部分的前角为（　　）。

A. 5° ~ 6°　　B. 6° ~ 7°　　C. 8° ~ 10°　　D. 12° ~ 16°

11. 一般情况下钻精度要求不高的孔加切削液的主要目的在于（　　）。

A. 冷却　　B. 润滑　　C. 便于清屑　　D. 减小切削抗力

12. 钻骑缝螺纹底孔时，应尽量用（　　）钻头。

A. 长　　B. 短　　C. 粗　　D. 细

13. 套螺纹时，圆杆直径的计算公式为 $D_{杆} = D - 0.13P$，式中 D 指的是（　　）。

A. 螺纹中径　　B. 螺纹小径　　C. 螺纹大径　　D. 螺距

14. 精刮时要采用（　　）。

A. 短刮法　　B. 点刮法　　C. 长刮法　　D. 混合法

15. 平锉、方锉、圆锉、半圆锉和三角锉属于（　　）类锉刀。

A. 特种锉　　B. 整形锉　　C. 钳工锉　　D. 异形锉

四、简答题

1. 根据哪些原则选用锉刀？

2. 锯条的锯路是怎样形成的？作用如何？

3. 为减小钻削力应怎样修磨普通麻花钻头？

工具钳工——测验卷 2

班级____________ 学号____________ 姓名____________ 成绩____________

一、填空题

1. 使用千斤顶支承工件划线时，一般________为一组。
2. 在承受单向受力的机械上，一般采用___________螺纹。
3. 采用三块平板互研互刮的方法而刮削成精密平板，这种平板称________平板。
4. 一般所用研磨工具的材料硬度应_________被研零件。
5. 用压板夹持工件钻孔时，垫铁应比工件_________。
6. 钻头磨短横刃并增大钻芯处前角，可减小_________和____________现象，提高钻头的_______________和切削的_____________，使切削性能得以____________。
7. 螺纹按旋向分__________螺纹和____________螺纹。
8. 锯削的作用：锯断各种材料或______________，锯掉工件上________________或在工件上________________。
9. 刮削曲面时，往往用相配的______作为校准工具，如无现成的，可自制__________来检验。
10. 对打歪的样冲眼，应先将样冲斜放着向划线的_______________轻轻敲打，当样冲眼的位置校正到已对准划好的线后，再把样冲____________________。

二、判断题

1. 钻削精密孔时，精孔钻应磨出正刃倾角，使切屑流向未加工表面。（　）
2. 錾削时，一般应使后角在5°～8°之间。（　）
3. M20×2－6/5g6g，其中5g表示螺纹中径公差带代号，6g表示外螺纹顶径公差带代号。（　）
4. 用不可动型研具研磨样板型面，研具的形状应与样板型面的形状相近。（　）
5. 钻头主切削刃上各点的基面是不同的。（　）
6. 研磨平面时压力大、研磨切削量大、表面粗糙度值小、速度太快会引起工件发热，但能提高研磨质量。（　）
7. 锉刀粗细的选择取决于工件的形状。（　）
8. 划线是机械加工的重要工序，广泛用于成批生产和大量生产。（　）
9. 锯条的长度是指两端安装孔的中心距，钳工常用的是300mm的锯条。（　）
10. 麻花钻切削时的辅助平面，即基面、切削平面和主截面是一组空间平面。（　）

三、选择题

1. 为减少振动，用麻花钻改制的锥形锪钻一般磨成双重后角，其值为（　）。

A. $\alpha_o=0°\sim5°$　　B. $\alpha_o=6°\sim10°$

C. $\alpha_o=10°\sim15°$　　D. $\alpha_o=15°\sim20°$

2. 在研磨过程中起切削作用、研磨工作效率、精度和表面粗糙度，都与（　）有密切关系。

A. 磨料　B. 研磨液　C. 研具　D. 工件

3. 修磨钻铸铁的群钻要磨出的二重顶角为（　）。

A. 60°　B. 70°　C. 80°　D. 90°

4. 刮刀头一般由（　）锻造并经磨制和热处理淬硬而成。

A. Q235　B. 45 钢　C. T12A　D. 铸铁

5. 錾削铜、铝等软材料时，楔角取（　）。

A. 30°～50°　B. 50°～60°　C. 60°～70°　D. 70°～90°

6. 交叉锉锉刀运动方向和工件间方向成（　）角。

A. 10°～20°　B. 20°～30°　C. 30°～40°　D. 40°～50°

7. 锪孔时，进给量是钻孔的（　）倍。

A. 1～1.5　B. 2～3　C. 1/2　D. 3～4

8. 对于标准麻花钻而言，在正交平面内（　）与基面之间的夹角称为前角。

A. 后刀面　B. 前刀面　C. 副后刀面　D. 切削平面

9. 刮削机床导轨时，以（　）为刮削基准。

A. 溜板用导轨　B. 尾座用导轨　C. 压板用导轨　D. 溜板横向燕尾导轨

10. 一般工厂常采用面品研磨膏，使用时加（　）稀释。

A. 汽油　B. 机油　C. 煤油　D. 柴油

11. 研磨平板主要用来研磨（　）。

A. 外圆柱面　B. 内圆柱面　C. 平面　D. 圆柱孔

12. 确定底孔直径的大小，要根据工件的（　）、螺纹直径的大小来考虑。

A. 大小　B. 螺纹深度　C. 重量　D. 材料性质

13. 粗刮时，显示剂应调得（　）。

A. 干些　B. 稀些　C. 不干不稀　D. 稠些

14. 在斜面上钻孔时，应（　）然后再钻孔。

A. 使斜面垂直于钻头　B. 在斜面上铣出一个平面

C. 使钻头轴心偏上　D. 对准斜面上的中心样冲眼

15. 机床导轨和滑行面，在机械加工之后，常用（　）方法进行加工。

A. 锉削　B. 刮削　C. 研磨　D. 錾削

16. 轴承内孔的刮削精度除要求有一定数目的接触点外，还应根据情况考虑接触点的（　）。

A. 合理分布　B. 大小情况　C. 软硬程度　D. 高低分布

17. 粗刮时，粗刮刀的刃磨成（　）。

A. 略带圆弧　B. 平直　C. 斜线形　D. 曲线形

18. 用于研磨硬质合金、陶瓷与硬铬之类工件所需的磨料是（　）。

A. 氧化物磨料　B. 碳化物磨料　C. 金刚石磨料　D. 氧化铬磨料

19. 锉刀的主要工作面指的是（　）。

A. 有锉纹的上、下两面　B. 两个侧面

C. 全部表面　D. 顶端面

20. 套螺纹时为保证可靠夹紧一般要用（　　）做衬垫。

A. 木块或 V 形块　　B. 木块或铁片

C. V 形平铁或厚钢衬　　D. 厚铁板

21. 涂布显示剂的厚度，是随着刮削面质量的渐渐提高而逐渐减薄，其涂层厚度以不大于（　　）为宜。

A. 3mm　　B. 0.3mm　　C. 0.03mm　　D. 0.003mm

22. 细刮的接触点要求达到（　　）。

A. 2 ~ 3 点/$25mm^2 \times 25mm^2$　　B. 12 ~ 15 点/$25mm^2 \times 25mm^2$

C. 20 点/$25mm^2 \times 25mm^2$　　D. 25 点/$25mm^2 \times 25mm^2$

23. 标准麻花钻头修磨分屑槽时要在（　　）磨出分屑槽。

A. 前刀面　　B. 副后刀面　　C. 基面　　D. 后刀面

24. 在钻壳体件与其相配衬套之间的骑缝螺纹底孔时，由于两者材料不同，孔中心的样冲眼要打在（　　）。

A. 略偏于硬材料一边　　B. 略偏于软材料一边

C. 两材料中间　　D. 衬套上

25. 在塑性和韧性较大的材料上钻孔，要求加强润滑作用，在切削液中可加入适当的（　　）。

A. 动物油和矿物油　B. 水　　C. 乳化液　　D. 亚麻油

26. 刮刀精磨须在（　　）上进行。

A. 油石　　B. 粗砂轮　　C. 油砂轮　　D. 都可以

27. 刮削中，采用正研往往会使平板（　　）。

A. 平面扭曲　　B. 研点达不到要求　C. 一头高一头低　　D. 凹凸不平

28. 一次安装在方箱上的工件，通过翻转方箱，可在工件上划出（　　）互相垂直方向上的尺寸线。

A. 一个　　B. 两个　　C. 三个　　D. 四个

四、简答题

1. 试述铰孔时造成孔径扩大的原因。

2. 常用磨料有哪几种？分别用于什么场合？

3. 借料划线一般按怎样的过程进行？

单元三

装配钳工

知识范围和学习目标

1. 知识范围

1）装配的概念、装配组织形式及工艺过程。

2）装配前的零件处理。

3）装配常用工具。

4）旋转件的不平衡形式和平衡方法。

5）尺寸链。

6）螺纹连接的装配。

7）键连接的装配。

8）销连接的装配。

9）过盈连接的装配。

10）带传动机构的装配。

11）齿轮传动机构的装配。

12）滑动轴承的装配。

13）滚动轴承的装配。

14）轴组的装配。

2. 学习目标

1）了解装配组织形式以及装配工艺过程的作用。

2）熟悉装配工艺过程。

3）掌握装配前零件的各项处理工作。

4）熟练掌握各种装配常用工具的应用。

5）掌握旋转件的不平衡形式和平衡方法。

6）掌握尺寸链的组成、特性、尺寸链图及尺寸链形式。

7）掌握螺纹连接装配方法和预紧防松方法。

8）了解螺纹连接的损坏形式及修理方法。

9）掌握各种键连接的装配要点，熟悉键连接的修理。

10）掌握销连接的装配要点。

11）掌握过盈连接的装配要点，熟悉过盈连接的装配方法。

12）掌握带传动的装配方法及检验。

13）掌握带传动张紧力及调整方法。

14）了解齿轮传动机构装配的技术要求。

15）掌握圆柱齿轮传动机构的装配以及啮合质量的检查。

16）掌握滑动轴承的装配要点。

17）掌握滚动轴承的装配要点。

18）掌握轴组的装配方法以及装配注意事项。

知识要点和分析

【知识要点一】 装配的概念、装配组织形式及工艺过程

1）装配的定义。按照一定的精度标准和技术要求，将若干个零件组成部件或将若干个零部件组合成机构或机器的工艺过程，称为装配。

2）装配组织形式。

①单件生产时装配组织形式。这种装配组织形式，对工人技术要求高，装配周期长，生产率低。

②成批生产时装配组织形式。这种装配工作常采用移动方式进行流水线生产，因此装配率较高。

③大量生产时装配组织形式。这种装配组织形式的装配质量好、效率高、生产周期短。

3）装配工艺过程。装配工艺过程由以下四个部分组成。

①装配前的准备工作。

②装配工作。

③调整、检验和试车。

④喷漆、涂油和装箱。

★常见题型

零件的清理、清洗是（　　）的工作要点。

A. 装配工艺过程　　B. 装配工作

C. 部件装配工作　　D. 装配前准备工作

【知识要点二】 装配前的零件处理

1）零件的清理和清洗。在装配过程中，零件的清理与清洗工作对保证装配质量、延长产品使用寿命具有十分重要的意义。特别是对轴承、液压元件、精密配合件、密封件和有特殊要求的零件更为重要。

2）零件的密封性试验。由于零件毛坯在铸造过程中容易产生砂眼、气孔及疏松等缺陷，易造成在一定压力下的渗漏现象。因此，在装配前必须对这类零件进行密封性试验，否则，将对设备的质量、功能产生很大的影响。

密封性试验有气压法和液压法两种，其中以液压法压缩空气密封性试验比较安全。

★常见题型

泄漏故障的检查方法有超声波检查、涂肥皂水、涂煤油和（ ）等多种方法。

A. 升温检查 B. 加压试验 C. 性能试验 D. 超速试验

【知识要点三】 装配常用工具

1）常用螺钉旋具。常用螺钉旋具有一字槽螺钉旋具、弯头螺钉旋具、十字槽螺钉旋具、快速螺钉旋具。

2）常用扳手。

①通用扳手。通用扳手也称活动扳手，使用活动扳手时，应让其固定钳口承受主要作用力，否则容易损坏扳手。

②专用扳手。专用扳手只能扳动一个尺寸的螺母和螺钉，根据其用途的不同可分为：呆扳手、整体扳手、成套套筒扳手、锁紧扳手、内六角扳手、棘轮扳手。

③钳子。常用钳子有：钢丝钳、尖嘴钳和弯嘴钳、挡圈钳。

3）电动工具。

①电动工具的基本要求。质量小、安全、可靠、运转平稳、使用方便、外观美观。

②常用电动工具。手电钻、电动扳手、电磨头。

★常见题型

在使用扳手时，不允许用套管任意加长手柄，以免（ ）过大而损坏扳手或螺钉。

A. 拧紧力 B. 拧紧强度 C. 拧紧力矩 D. 拧紧变形

【知识要点四】 旋转件的不平衡形式和平衡方法

1）旋转件的不平衡形式。

①静不平衡。有些旋转件在径向各截面上存在不平衡量，但由此产生的离心力的合力仍通过旋转件的重心，这种情况不会产生旋转轴线倾斜的力矩，这种不平衡称为静不平衡。

②动不平衡。有些旋转件在径向各截面上存在不平衡量，且由此产生的离心力不能形成平衡力矩，所以旋转件不仅会产生垂直于旋转轴线方向的振动，还会产生使旋转轴线倾斜的振动，这种不平衡称为动不平衡。

2）旋转件的平衡方法。

①静平衡。在旋转件较轻的一边附加重量或在较重的一边通过钻、铣等机械加工方法以减轻重量，从而使零件恢复平衡的办法即静平衡。

②动平衡。对于长径比较大或转速较高的旋转件，需要进行动平衡。

★常见题型

为消除零件因偏重而引起的振动，必须进行（ ）。

A. 平衡试验 B. 水压试验 C. 气压试验 D. 密封试验

【知识要点五】 尺寸链

1）尺寸链的定义。在零件加工或机器装配过程中，由相互连接的尺寸形成封闭的尺寸组称为尺寸链。

2）尺寸链的组成。

①环。尺寸链中的每一个尺寸均称为尺寸链中的环。

②封闭环。尺寸链中在加工过程或装配过程间接获得或间接保证的一环。

③组成环。尺寸链中在加工过程或装配过程直接获得，并且对封闭环有影响的全部环。

④增环。尺寸链中的组成环，由于该环的变动引起封闭环同向变动。

⑤减环。尺寸链中的组成环，由于该环的变动引起封闭环反向变动。

3）尺寸链的特性。封闭性和关联性。

4）尺寸链图。将尺寸链中各相应的环，用尺寸或符号标注在示意图上，或者将其单独表示出来，此时只需按大致比例依次画出相应的环，这些尺寸图称为尺寸链图。

5）尺寸链形式。

①按环的几何特征划分。长度尺寸链、角度尺寸链、组合形式的尺寸链。

②按其应用场合划分。零件尺寸链、工艺尺寸链、装配尺寸链。

③按各环所处空间位置划分。直线尺寸链、平面尺寸链、空间尺寸链。

★常见题型

组成装配尺寸链至少有增环、减环和（　　）。

A. 组成环　　B. 环　　C. 封闭环　　D. 装配尺寸

【知识要点六】 螺纹连接的装配

1）螺纹连接装配的技术要求。

①保证有足够的拧紧力矩。

②有可靠的防松装置。防松的方法，按其工作原理可分为摩擦防松、机械防松和破坏螺旋副运动关系防松等。

2）常见螺纹连接的装配。

①螺柱装配技术要求。

②螺母和螺钉的装配要点。

③螺纹连接装配的注意事项。

④螺纹连接损坏形式和修理。

★常见题型

螺纹连接是一种可拆的________，它具有________、________、________等优点，在机械中应用广泛。

【知识要点七】 键连接的装配

1）键连接的定义。键是用来连接轴和轴上零件（齿轮、带轮、凸轮等），实现周向固定，并传递转矩的一种机械零件。

键连接属于可拆连接，具有结构简单、工作可靠、装拆方便及已经标准化等特点，故得到广泛地应用。

2）键连接的分类。可分为松键连接、紧键连接和花键连接三大类。

①松键连接。松键连接时，键是靠键的侧面来传递转矩的，对轴上零件做周向固定，不能承受轴向力。松键连接所采用的键有普通平键、导向平键、半圆键三种。

②紧键连接。紧键连接常用楔键连接（也可用切向楔键连接），即键的上表面与它相接触的轮槽底面有均匀1∶100的斜度，键的侧面与键槽间有一定的间隙。

③花键连接。花键连接有静连接和动连接两种方式，它的特点是轴的强度高，传递转矩大，对中性及导向性都很好，但制造成本高，因此广泛应用在机床、汽车、飞机等制造业中。

花键连接按齿廓形状可分为矩形花键、渐开线花键及三角形花键三种，其中以矩形花键应用最广。

★常见题型

松键装配在（　　）方向，键与轴槽的间隙是0.1mm。

A. 键宽　　B. 键长　　C. 键上表面　　D. 键下表面

【知识要点八】 销连接的装配

1）销连接的定义。销连接主要用来固定零件之间的相对位置，也用于轴和轮毂的连接或其他零件的连接，并可传递不大的载荷，还可以作为安全装置中的过载剪断元件。

销主要有圆柱形和圆锥形两种形式，其他形式是由此演化而来的。

2）销连接的功用。销连接的主要功用是定位、传递运动和动力，以及作为安全装置中的过载剪断零件。

3）销连接的装配。

①圆柱销连接。为保证配合精度，通常需要两孔同时钻、铰，使其配合有少量过盈，以保证连接的紧固和定位的准确性，并使孔的表面粗糙度值在 $Ra1.6\mu m$ 以下。装配时应在销的表面涂些润滑油，用铜棒将销敲入孔中。

②圆锥销连接。圆锥销以小端直径和长度表示其规格。圆锥销具有1:50的锥度，它定位准确，可多次拆卸。圆锥销装配时，被连接的两孔也同时钻、铰出来，孔径大小以销自由插入孔中长度约80%为宜，然后用锤子打入即可。

★常见题型

销是一种（　　），形状和尺寸已标准化。

A. 标准件　　B. 连接件　　C. 传动件　　D. 固定件

【知识要点九】 过盈连接的装配

1）过盈连接的定义。过盈连接是依靠包容件（孔）和被包容件（轴）配合后的过盈值达到紧固连接的目的。

过盈连接的对中性好，承载能力强，并能承受一定冲击力，但配合面的加工要求高。

2）过盈连接的装配方法。

①压入法。

②热胀法。火焰加热、介质加热、电阻和辐射加热、感应加热。

③冷缩法。干冰冷缩、低温箱冷却、液氮冷缩。

3）过盈连接装配的主要事项。

①装配前，应对工件进行清理，并将配合表面涂润滑油，以防装配时擦伤表面。

②过盈连接的过盈值不能太大或太小。

③对于细长件或薄壁件必须注意检查过盈量和几何偏差，装配时最好垂直压入，以防变形。

④为了便于装配，应该在孔口和轴端进行倒角，一般轴端倒角取5°~10°，孔口倒角为30°~45°。

⑤装配时压入过程应连续，速度不宜太快，一般为2~4mm/s。

⑥压合时应经常用角尺检查，以保证孔与轴的中心线一致，不得有歪斜现象。

★常见题型

过盈连接的类型有（　　）和圆锥面过盈连接装配。

A. 螺尾圆锥销过盈连接装配　　B. 普通圆柱销过盈连接装配

C. 普通圆锥销过盈连接　　D. 圆柱面过盈连接装配

【知识要点十】 带传动机构的装配

1）带传动机构的要求。

①应严格控制带轮的径向圆跳动和轴向窜动。

②两带轮端面应在同一平面内。

③带轮工作面的表面粗糙度要适当。

④传动带在带轮上的包角不能小于120°，否则也容易打滑。

⑤传动带的张紧力要适当。

2）带传动的装配方法。带传动的装配包括带轮与传动轴的装配和传动带的安装。一般带轮孔与轴为过渡配合（H7/k6），有少量过盈，同轴度较高。为传递较大转矩，还需要用紧固件保证周向固定和轴向固定。

3）带传动张紧力及调整方法。

①张紧力的大小。V带张紧力的大小与带的初拉力和带的根数有关。

②张紧力的检查。通过公式 $f = PL/2S_0$ 计算。

③张紧力的调整方法。调整中心距和使用张紧轮。

★常见题型

1）两带轮的中心平面应（　　）。

A. 垂直　　B. 平行　　C. 重合　　D. 都不是

2）（　　）的调整方法是靠改变两带轮中心距或用张紧轮张紧。

A. 摩擦力　　B. 拉力　　C. 压力　　D. 张紧力

【知识要点十一】 齿轮传动机构的装配

1）齿轮传动机构装配的技术要求。

①要保证齿轮与轴的同轴度要求，严格控制齿轮的径向圆跳动和轴向窜动。

②保证相互啮合的齿轮之间有准确的中心距和适当的齿侧间隙。

③保证齿轮啮合时有一定的接触斑点和正确的接触位置。

④保证滑移齿轮在轴上滑移时具有一定的灵活性和准确的定位位置。

⑤对转速高、直径大的齿轮，装配前要进行平衡试验，以免工作时产生较大的振动。

2）圆柱齿轮传动机构的装配。

①将齿轮安装在轴上。齿轮在轴上的结合方法有齿轮在轴上固定连接、齿轮在轴上空转和齿轮在轴上滑移三种。

②将齿轮组件装入箱体内。同轴线孔的同轴度误差的检验、孔中心距及平行度误差的检验、孔端面对孔轴线垂直度误差的检验、箱体孔轴线对基面平行度误差的检验。

③齿轮啮合质量的检查。齿轮副侧隙的检查、齿轮接触斑点的检查。

★常见题型

转速（　　）的大齿轮装在轴上后应做平衡检查，以免工作时产生过大振动。

A. 高　　B. 低　　C. 1500r/min　　D. 1440r/min

【知识要点十二】 滑动轴承的装配

1）整体式滑动轴承的装配要点。

①将加工合格的轴套和轴承孔去除毛刺并擦洗干净之后，在轴承外径和轴承座孔内涂抹

机油。

②根据轴套的尺寸和配合的过盈量的大小选择压入方法，将轴套压入机体中。

③在压入轴套之后，要用紧定螺钉或定位销固定承受较大负荷的滑动轴承的轴套。

④压装后，要检查轴套内孔。

2）剖分式滑动轴承的装配要点。

①上、下轴瓦与轴承座、轴承盖应有良好的接触，同时轴瓦的台肩紧靠座孔的两端面。

②轴瓦在机体中，除了轴向依靠台肩固定外，周向也应固定。周向固定常用定位销固定。

③为了提高配合，轴承孔应进行配刮。配刮多采用与其相配的轴研点。

3）滑动轴承的装配注意事项。

★常见题型

（　　）是滑动轴承的主要特点之一。

A. 摩擦小　　B. 效率高　　C. 工作可靠　　D. 装拆方便

【知识要点十三】　滚动轴承的装配

1）滚动轴承的装配方法。应根据轴承尺寸的大小和过盈量来选择，一般滚动轴承的装配方法有锤击法、用螺旋或杠杆压力机压入法和热装法等。

①深沟球轴承的装配。深沟球轴承常用的装配方法有锤击法和压入法。

②角接触球轴承的装配。角接触球轴承与其他内、外圈可分离的轴承一样，均可采用锤击法、压入法将轴承内圈安装到轴上，将轴承外圈用锤击或压入的方法装入轴承座孔内，然后再调整游隙。

③推力球轴承的装配。推力球轴承有松圈和紧圈之分，装配时一定要注意，千万不可装反，否则将造成轴发热甚至出现卡死现象。

2）滚动轴承游隙的调整。滚动轴承的游隙是指在一个套圈固定的情况下，另一个套圈沿径向或轴向的最大活动量，故滚动轴承的游隙分为径向游隙和轴向游隙两种。

调整游隙具体方法有：调整垫片法和调整螺钉螺母法。

3）滚动轴承的预紧。所谓预紧，就是在装配轴承时，给轴承的内圈或外圈施加一个轴向力，以消除轴向游隙，并使滚动体与内、外圈接触处产生初始弹性变形。预紧能提高轴承在工作状态下的刚度和旋转精度。

★常见题型

典型的滚动轴承由内圈、外圈、（　　）、保持架四个基本元件组成。

A. 滚动体　　B. 球体　　C. 圆柱体　　D. 圆锥体

【知识要点十四】　轴组的装配

1）轴组装配过程。

轴组装配的过程包括：将轴组装入箱体或机架中、对轴承进行固定、游隙调整、轴承预紧、轴承密封和轴承润滑等。

2）轴组装配的方法。

轴承固定的方式有：两端单向固定和一端双向固定两种方式。

3）轴组装配的注意事项。

①为了提高主轴的旋转精度，应采用合理的装配方法。

②必要时应保持规定的湿度和恒温条件及环境清洁条件，并注意范围内的振源影响。

③应根据温度、载荷和转速等工作条件的不同，合理选取润滑剂的类型及其型号。

④应根据结构和润滑剂的类型不同来合理选择密封装置。

★常见题型

采用一端双向固定方式安装轴承，若右端双向轴向固定，则左端轴承可（　　）。

A. 发生轴向窜动　　B. 发生径向圆跳动

C. 轴向圆跳动　　D. 随轴游动

装配钳工——练习卷1

班级________ 学号________ 姓名________ 成绩________

一、装配工艺概述

1. 在大量生产中，把产品的装配过程划分为______、______，在此基础上进一步进行______、______的装配。

2. 装配工艺规程是______和______的总结，是提高生产率、提高产品质量的______，是组织装配生产的______。

3. 比较复杂的产品装配分为______和______。

4. 机器装配完毕后，为了使外观美观、不生锈和便于运输，还要进行______、______和______等工作。

5. 零件清洗后，不能放置时间______，以防止______和______再次将零件弄脏。

6. 经过清理后的零件还必须进行清洗，一般是先清洗______，再清洗______；先清洗______，再清洗______。

7. 对于设备中的一些精密零件，如液压元件、液压缸、阀体等，在一定的工作压力下不仅要求不发生______现象，还要求具有可靠的______。

8. 密封性试验有______和______两种。

二、装配常用工具

1. 在使用一字槽螺钉旋具时，应根据螺钉沟槽的______选用相应的螺钉旋具。

2. 呆扳手用于扳动或装拆______或______的螺母或螺钉，有______和______之分。

3. 成套套筒扳手用于装拆______或______的螺母或螺钉。

4. 成套的内六角扳手，可供装拆______的内六角圆柱头螺钉。

5. 挡圈钳用于______，分为______和______两种。

6. 手电钻所使用的电源有______和______两种，可根据不同工作情况来选择使用。

7. 在使用电钻之前，应先开机空转______，以此来检查各个部件是否正常。

8. 电磨头是一种______的磨削工具，适用于零件的______、______和______。

三、旋转件的平衡

1. 为了保证机械的运转质量，对______或______的旋转件，都必须进行平衡，以抵消或减小不平衡离心力。

2. 旋转件的不平衡形式可分为______和______两类。

3. 静平衡的装置主要有______和______两种。

4. 动平衡不仅要平衡______________________，而且还要平衡________________________。

5. 常用的动平衡机有________________________、________________________和________________________等。

6. 静平衡的作用：平衡或消除旋转件运转时产生的______________，以减少机器的__________，改善轴承受力的情况，提高机器____________和延长____________。

四、尺寸链的概念

1. 在零件加工或机器装配过程中，由相互连接的尺寸形成封闭的尺寸组称为________________。

2. 尺寸链按其应用场合划分有__________________、__________________、__________________。

3. 尺寸链的特性有__________和____________。

4. 在尺寸链图中，凡与封闭环箭头方向相同的环即为______________；与封闭环箭头方向相反的环即为__________。

5. 全部组成环位于一个或几个平行平面内，但某些组成环不平行于封闭环的尺寸链称为____________。

6. 工艺尺寸是指____________、________________和______________等。

五、固定连接的装配

1. 固定连接是装配中最基本的一种装配方法，常见的固定连接有______________、____________、____________、________________等。

2. 螺纹连接应达到规定的预紧力要求，常用________________、______________、______________、______________和________________来保证准确的预紧力。

3. 螺母防松的方法，按其工作原理可分为______________、______________、和______________________________等。

4. 常用拧紧螺柱的方法有________________________、______________________和________________________等。

5. 根据键的结构特点和用途不同，键连接可分为________________、______________和________________三大类。

6. 在拧紧__________或__________布置的成组螺母时，必须对称地进行，以防止螺栓受力不一致，甚至变形。

7. 销主要有__________和______________两种形式。

8. 过盈连接的__________好，________________强，并能承受一定的冲击力，但配合面的________________。

9. 干冰冷缩适用于______________的小型连接件和薄壁衬套等。

10. 花键连接按齿廓形状可分为________________、______________及______________三种。

六、传动机构的装配

1. 带轮工作面的表面粗糙度要适当，一般为____________，表面粗糙度过细容易__________，过粗则传动带易__________。

2. V带张紧力的大小与带的__________和带的__________有关。

3. 带轮装在轴上后，要检查带轮的________________和________________。

4. 张紧力常用的张紧方法有两种，即________________和________________。

5. 平带传动时，张紧轮应放在平带松边的________，并要靠近______带轮处，这样可以增大小带轮上的________，提高平带传动的__________。

6. 齿轮传动是机械中常用的传动方式之一，它是依靠轮齿间的__________来传递运动和转矩的。

7. 齿轮在轴上固定连接一般采用______________和______________。

8. 齿轮的啮合质量主要包括________________、________________和________________的检查。

9. 啮合齿轮的侧隙最直观、最简单的测量方法就是____________。

10. 啮合齿轮斑点的接触位置是以__________为基准，上下__________。

七、轴承和轴组的装配

1. 用于确定轴与其他零件相对运动位置并起支承或导向作用的零件称为__________。

2. 按照轴承与轴工作表面间摩擦性质的不同，轴承可分为__________和__________两大类。

3. 轴瓦在机体中，除了轴向依靠__________固定外，周向也应固定。周向固定常用__________固定。

4. 滚动轴承的装配方法应根据轴承____________和__________来选择。

5. 一般滚动轴承的装配方法有__________、__________________和__________等。

6. 滚动轴承的游隙分为______________和______________两种。

7. 滚动轴承的预紧能提高轴承在工作状态下的__________和____________。

8. 轴和轴上的零件及两端轴承支座的组合，称为__________。

9. 轴承固定的方式有________________和________________两种方式。

10. 轴组装配时应根据温度、载荷和转速等工作条件的不同，合理选取润滑剂的______及其________。

装配钳工——练习卷 2

班级__________ 学号__________ 姓名__________ 成绩__________

一、填空题

1. 通用扳手也称____________，使用时应让其____________承受主要作用力，否则容易损坏扳手。

2. 螺纹连接装配的技术要求：________________和________________。

3. 利用开口销与带槽螺母锁紧，属于________防松装置。

4. V 带传动机构中，带在带轮上的包角不能小于________，否则容易打滑。

5. 串联钢丝防松适用于____________连接，防松__________，但______________。

6. 松键连接时，键是靠键的________来传递转矩的。松键连接所采用的键有____________、__________、__________三种。

7. 带传动结构简单、工作平稳，对机构能起到__________的作用，主要用于两轴__________较大的场合，但带传动的传动比__________，传动效率________，带的寿命________。

8. 标准圆锥销的锥度为________。

9. 过盈连接时为了便于装配，应该在孔口和轴端进行倒角，一般轴端倒角取________，孔口倒角为__________。

10. 调整中心距的张紧装置有____________和____________两种。

二、判断题

1. 封闭环的确定方法要根据加工和装配方法以及测量方法而定。 (　　)

2. 旋转体不平衡的形式有静不平衡和动不平衡。 (　　)

3. 圆柱销一般靠过盈固定在轴上，用以定位和连接。 (　　)

4. 普通螺纹用于连接，梯形螺纹用于传动。 (　　)

5. 影响齿轮接触精度的因素包括齿轮加工精度、齿轮副的侧隙及齿轮副的接触斑点。 (　　)

6. 过盈连接的配合面多为圆柱形，也有圆锥形或其他形式。 (　　)

7. 滑动轴承按其承受载荷的方向可分为整体式、剖分式和内柱外锥式。 (　　)

8. 键的磨损一般都采取更换键的修理办法。 (　　)

9. 滚动轴承的拆卸方法与其结构无关。 (　　)

10. 带传动机构使用一段时间后 V 带陷入槽底这是轴弯曲损坏形式造成的。 (　　)

11. 销连接在机械中主要是为了定位、连接成锁定零件。有时还可作为安全装置的过载剪断零件。 (　　)

12. 装配就是将零件结合成部件，再将部件结合成机器的过程。 (　　)

13. 产品装配的常用方法有完全互换装配法、选择装配法、修配装配法和调整装配法。 ( )

14. 零件的密封性试验、旋转件的平衡试验等工作均属于装配工作。 ( )

15. 在标注键槽的深度尺寸时，为了实现加工上的基准统一，一般选择轴线作为其尺寸的起点。 ( )

三、选择题

1. 螺纹连接为了达到紧固而可靠的目的，必须保证螺纹之间具有一定的（ ）。

A. 摩擦力矩 B. 拧紧力矩 C. 预紧力 D. 向心力

2. 采用机械装置防止螺纹连接的防松装置，其中包括（ ）防松。

A. 止动垫圈 B. 弹簧垫圈 C. 锁紧螺母 D. 双螺母锁紧

3. V 带的张紧程度一般规定在测量载荷作用下，带与两轮切点跨距中每 100mm，使中点产生（ ）挠度为宜。

A. 5mm B. 3mm C. 1.6mm D. 2mm

4. 齿轮啮合质量的检验时，检验齿侧间隙的方法是（ ）。

A. 塞尺检验法 B. 千分尺检验法 C. 百分表检验法 D. 接触精度检验法

5. 将零件和部件组合成一台完整机器的过程，称为（ ）。

A. 装配 B. 总装配 C. 部件装配 D. 组件装配

6. 键连接分为（ ）连接、紧键连接和花键连接。

A. 松键 B. 楔键 C. 钩头键 D. 导向平键

7. 圆柱面过盈连接的装配方法，包括压入法、热胀配合法、冷缩配合法。使用压入法当过盈量及配合尺寸较小时，常用（ ）压入装配。

A. 常温 B. 高温 C. 规定温度 D. 低温

8. 带传动机构装配时，还要保证两带轮相互位置的正确性，可用直尺或（ ）进行测量。

A. 角尺 B. 拉线法 C. 划针盘 D. 光照法

9. 尺寸链中封闭环公称尺寸等于（ ）。

A. 各组成环公称尺寸之和

B. 各组成环公称尺寸之差

C. 所有增环公称尺寸与所有减环公称尺寸之和

D. 所有增环公称尺寸与所有减环公称尺寸之差

10. 一般动力传动齿轮副，不要求很高的运动精度和工作平稳性，但要求（ ）达到要求，可用跑合方法。

A. 传动精度 B. 接触精度 C. 加工精度 D. 齿形精度

11. 剖分式滑动轴承上、下轴瓦与轴承座盖装配时应使（ ）与座孔接触良好。

A. 轴瓦 B. 轴颈 C. 轴瓦背 D. 轴瓦面

12. 滚动轴承当工作温度低于密封用脂的滴点，速度较高时，应采用（ ）密封。

A. 毡圈式 B. 皮碗式 C. 间隙 D. 迷宫式

13. 螺纹装配有（ ）的装配及螺母和螺钉的装配。

A. 螺柱 B. 紧固件 C. 特殊螺纹 D. 普通螺纹

14. 装配工艺（　　）的内容包括装配技术要求及检验方法。

A. 过程　　B. 规程　　C. 原则　　D. 方法

15. 螺纹装配有螺柱的装配和（　　）的装配。

A. 螺母　　B. 螺钉　　C. 螺母和螺钉　　D. 特殊螺纹

四、简答题

1. 螺纹连接装配的注意事项有哪些？

2. 齿轮传动机构装配的技术要求有哪些？

装配钳工——复习卷

班级__________ 学号__________ 姓名____________ 成绩__________

一、填空题

1. V带传动机构中，是依靠带与带轮之间的________来传递运动和动力的。

2. 尺寸链按环的几何特征划分为__________、__________、__________。

3. 键是用来连接______和______零件，实现______，并传递转矩的一种机械零件。

4. 花键连接有________和________两种方式。

5. 过盈连接是依靠__________和__________配合后的______达到紧固连接的目的。

6. 过盈连接的花键，当过盈量较小时，可用________轻轻打入，对于过盈量较大的连接，可将套件加热至______________后进行装配。

7. 齿轮接触斑点面积的大小，在齿面上用__________计算。

8. 滑动轴承装配时，轴套直径过大或过盈量超过______时，在常温下压装容易损坏零件，应采用______法装配，不宜采用__________法。

9. 力矩扳手在使用时，应按______方向使用，不能______操作。

10. 螺纹连接的支承面不宜__________，应保持接触__________。

二、判断题

1. 装配尺寸链中，封闭环属于装配精度。（ ）

2. 整体式滑动轴承的装配要抓住四个要点，即：压入轴套、轴套定位、修整轴套孔、轴套的检验。（ ）

3. 过盈装配的压入配合时，压入过程必须连续压入，速度以2~4mm/s为宜。（ ）

4. 装配紧键时，用度配法检查键上、下表面与轴和毂槽接触情况。（ ）

5. 在带传动中，不产生打滑的带是平带。（ ）

6. 圆锥面的过盈连接要求配合的接触面积达到75%以上才能保证配合的稳固性。（ ）

7. 锉配键是键磨损后常采取的修理办法。（ ）

8. 销连接在机械中除起到连接作用外还起定位作用和保险作用。（ ）

9. 齿轮在轴上固定，当要求配合过盈量不是很大时，应采用液压套合法装配。（ ）

10. 摩擦力的调整方法是靠改变两带轮的中心距或用张紧轮张紧。（ ）

11. 在拧紧长方形布置的成组螺母时，必须对称地进行。（ ）

12. 链传动的损坏形式有链被拉长、链和链轮磨损及链断裂等。（ ）

13. 螺母装配只包括螺母和螺钉的装配。（ ）

14. 装配要点包括部件装配和总装配。 （ ）

15. 滑动轴承工作不平稳，噪声大，不能承受较大的冲击载荷。 （ ）

三、选择题

1. 在拧紧圆形或方形布置的成组螺母时，必须（ ）。

A. 对称地进行　B. 从两边开始对称进行

C. 从外自里　D. 无序

2. 楔键连接是一种紧连接，能传递转矩和承受（ ）。

A. 单向径向力　B. 单向轴向力　C. 双向径向力　D. 双向轴向力

3. 销是一种（ ），形状和尺寸已标准化。

A. 标准件　B. 连接件　C. 传动件　D. 固定件

4. 为确保带轮安装两轮平行且中间平面平行的要求，需进行（ ）检查。

A. 涂色法　B. 堵塞法　C. 拉线法　D. 压铅丝法

5. 带传动机构装配时，两带轮中心平面应（ ），其倾斜角和轴向偏移量不应过大。

A. 倾斜　B. 重合　C. 相平行　D. 互相垂直

6. 松键装配在（ ）方向，键与轴槽的间隙是0.1mm。

A. 键宽　B. 键长　C. 键上表面　D. 键下表面

7. 过盈连接装配后，（ ）的直径被压缩。

A. 轴　B. 孔　C. 包容件　D. 圆

8. 链传动中，链和轮磨损较严重，应用（ ）方法修理。

A. 修轮　B. 修链　C. 链、轮全修　D. 更换链、轮

9. 影响齿轮传动精度的因素包括（ ）、齿轮的精度等级、齿轮副的侧隙要求及齿轮副的接触斑点要求。

A. 运动精度　B. 接触精度　C. 齿轮加工精度　D. 工作平稳性

10. 尺寸链中封闭环（ ）等于所有增环基本尺寸与所有减环基本尺寸之差。

A. 基本尺寸　B. 公差　C. 上极限偏差　D. 下极限偏差

11. 圆锥面的过盈连接要求配合的接触面积达到（ ）以上，才能保证配合的稳固性。

A. 60%　B. 75%　C. 90%　D. 100%

12. 带轮装到轴上后，用（ ）检查其端面跳动量。

A. 直尺　B. 百分表　C. 量角器　D. 直尺或拉绳

13. 装配精度检验包括（ ）检验和几何精度检验。

A. 密封性　B. 功率　C. 灵活性　D. 工作精度

14. 齿轮啮合质量的检验时，齿轮上接触斑点的接触面积在齿轮上、齿轮高度上一般在（ ）。

A. 10% ~30%　B. 15% ~35%　C. 20% ~40%　D. 30% ~50%

15. 螺纹连接产生松动故障的原因，主要是经受长期（ ）而引起的。

A. 磨损　B. 运转　C. 振动　D. 碰撞

四、简答题

1. 花键连接装配的技术要求有哪些？

2. 试述静平衡的原理和作用。

装配钳工——测验卷 1

班级__________ 学号__________ 姓名__________ 成绩__________

一、填空题

1. 整体扳手分为__________、__________、__________等。

2. 紧键连接常用__________，即键的__________和它相接触的轮槽底面均有__________的斜度，键的侧面与键槽有一定的间隙。

3. 安装传动带时，先将带套在______带轮槽中，然后将带用旋具拨入________带轮槽中，同时转动______带轮。

4. 当齿轮传动机构的精度较高时，齿轮安装在轴上后应进行__________________和____________误差的检查。

5. 孔中心距和平行度误差可用精度较高的________________直接测量，也可通过测量后的__________得到。

6. 一般来说，滚动轴承由______________、______________、______________和 ______________四个部分组成。

7. 推力球轴承有______________和______________之分，装配时一定要注意，千万不可______________，否则将造成轴发热甚至出现__________现象。

8. 用千分尺测量铅丝被挤压后最薄处的尺寸，即为__________。

9. V 带传动中使用的张紧轮应安放在 V 带松边的_________。

10. 啮合齿轮的接触斑点可以全面反映出齿轮的______________和______________，也可以反映齿轮在工作状态下______________的情况。

二、判断题

1. 工艺尺寸链中，必须要有减环。 (　　)

2. 滚动轴承装配时，在保证一个轴上有一个轴承能轴向定位的前提下，其余轴承要留有轴向游动余地。 (　　)

3. 静不平衡和动不平衡是旋转体不平衡的形式。 (　　)

4. 链传动的损坏形式有链被拉长、链和链轮磨损及链断裂等。 (　　)

5. 销连接有圆柱销连接和圆锥销连接两类。 (　　)

6. 当过盈量及配合尺寸较小时，常采用温差法装配。 (　　)

7. 过盈连接的类型有圆柱面过盈连接装配和圆锥形过盈连接装配。 (　　)

8. 齿轮的接触斑点应用涂色法检查。 (　　)

9. 整体式滑动轴承修理，一般采用金属喷镀法，对大型或贵重材料的轴承采用更新的方法。 (　　)

10. 过盈连接装配后，孔的直径被压缩，轴的直径被胀大。 (　　)

11. 带轮相互位置不准确会引起带张紧不均匀而过快磨损，对中心距较大的用长直

尺测量。（　）

12. 少占车间的生产面积、合理安排装配工序、提高装配效率是制订装配工艺规程的依据。（　）

13. 根据装配方法解尺寸链有完全互换法、直接选配法和分组选配法。（　）

14. 圆锥面的过盈连接要求配合的接触面积达到75%以上才能保证配合的稳固性。（　）

15. 链传动中，链的下垂度以0.2L为宜。（　）

三、选择题

1. 松键连接中，适用于高精度、传递重载荷、冲击及双向转矩的是（　）。
   A. 普通平键连接　B. 半圆键连接　C. 导向平键连接　D. 以上三者均可

2. 带轮工作表面的表面粗糙度值一般为 Ra（　）。
   A. 1.6μm　B. 3.2μm　C. 6.3μm　D. 0.8μm

3. 键损坏或磨损，一般要（　）。
   A. 修复键　B. 换用新键　C. 电镀修复　D. 换键槽

4. 螺纹连接为了达到可靠而坚固的目的，必须保证螺纹副具有一定的（　）。
   A. 摩擦力矩　B. 拧紧力矩　C. 预紧力　D. 摩擦力

5. 张紧力的（　）是靠改变两带轮中心距或用张紧轮张紧。
   A. 检查方法　B. 调整方法
   C. 设置方法　D. 前面叙述都不正确

6. 齿轮在轴上固定，当要求配合过盈量（　）时，应采用液压套合法装配。
   A. 很大　B. 很小　C. 一般　D. 无要求

7. （　）是整体式滑动轴承装配的第二步。
   A. 压入轴套　B. 修整轴套　C. 轴套定位　D. 轴套的检验

8. 主要承受径向载荷的滚动轴承称为（　）。
   A. 向心轴承　B. 推力轴承
   C. 向心、推力轴承　D. 圆锥滚子轴承

9. 过盈连接的配合面多为（　），也有圆锥面或其他形式的。
   A. 圆形　B. 正方形　C. 圆柱面　D. 矩形

10. 采用V带传动时，摩擦力是平带的（　）倍。
    A. 5　B. 6　C. 2　D. 3

11. （　）是滑动轴承装配的主要要求之一。
    A. 减少装配难度　B. 获得所需要的间隙
    C. 耐蚀性好　D. 获得一定速比

12. 滚动轴承的精度等级有（　）。
    A. 三级　B. 四级　C. 五级　D. 六级

13. 销连接在机械中主要是为了定位、连接成锁定零件，有时还可作为安全装置的（　）零件。
    A. 传动　B. 固定　C. 定位　D. 过载剪断

14. 带轮相互位置不准确会引起带张紧不均匀而过快磨损，当（　）不大时，可用长

直尺准确测量。

A. 张紧力　　B. 摩擦力　　C. 中心距　　D. 都不是

15. 对（　　）部件的预紧错位量的测量应采用弹簧测量装置。

A. 轴组　　B. 轴承　　C. 精密轴承　　D. 轴承盖

四、简答题

1. 剖分式滑动轴承装配时应注意哪些问题？

2. 尺寸链具有哪些特性？

装配钳工——测验卷 2

班级＿＿＿＿＿＿ 学号＿＿＿＿＿＿ 姓名＿＿＿＿＿＿ 成绩＿＿＿＿＿＿

一、填空题

1. 安装挡圈时要注意挡圈的正反方向，＿＿＿＿部是承受轴向负荷的方向。

2. 拧螺纹时，螺纹的拧进长度原则是螺栓直径的＿＿＿＿倍以上。

3. 滑移齿轮与花键轴的连接，为了得到较高的定心精度，一般采用＿＿＿＿＿＿。

4. 两链轮的轴向偏移量，一般当中心距小于 500mm 时，允许偏移量＿＿＿＿。

5. 对分度或读数机构中的齿轮副，其主要要求是传递运动的＿＿＿＿。

6. 直齿圆柱齿轮装配后，发现接触斑点单面偏接触，其原因是两齿轮＿＿＿＿。

7. 凡该环变动（增大或减小）引起封闭环做同向变动（增大或变小）的环称为＿＿＿＿＿＿环。

8. 整体扳手的用途与＿＿＿＿＿＿＿＿的用途基本相同，但它能将螺母或螺钉的头部全部围住，而使装拆更加＿＿＿＿＿＿。

9. 在使用电钻之前，应先开机空转＿＿＿＿＿，以此来检查各个部件是否正常。

10. 尺寸链中预先选定的某一组成环，可以通过改变其大小和位置，使封闭环达到规定要求的环称为＿＿＿＿＿＿＿。

二、判断题

1. 轴承合金是制造轴承滚珠的材料。（ ）

2. 封闭环公差等于各组成环公差之和。（ ）

3. 动连接花键装配要有较少的过盈量，若过盈量较大则应将套件加热 80° ~ 120°后进行装配。（ ）

4. 过盈连接的配合面多为圆柱形，也有圆锥形或其他形式的。（ ）

5. 为了防止轴承在工作时受轴向力而产生轴向移动，轴承在轴上或壳体上一般都应加以轴向固定装置。（ ）

6. 滑动轴承按其承受载荷的方向可分为整体式、剖分式和内柱外锥式。（ ）

7. 当带轮孔增大必须镶套，套与轴为螺纹连接，套与带轮常用骑缝螺钉固定。（ ）

8. 齿轮传动中为增加接触面积、改善啮合质量，在保留原齿轮副的情况下，采取加载跑合措施。（ ）

9. 链传动中，链的下垂度以 $2\%L$ 为宜。（ ）

10. 圆柱销一般靠过盈固定在轴上，用以定位和连接。（ ）

11. 销是一种标准件，形状和尺寸已标准化。（ ）

12. 带在带轮上的包角不能太大，V 带包角不能大于 120°才保证不打滑。（ ）

13. 当带轮孔加大时必须镶套，套与轴用键连接，套与带轮常用骑缝螺钉固定。（　　）

14. 带轮装到轴上后，用游标万能角度尺检查其轴向圆跳动量。（　　）

15. 齿轮的跑合方式有电火花跑合和加载跑合两种。（　　）

三、选择题

1. 采用动连接花键装配，套件在花键轴上（　　）。

A. 固定不动　B. 有限制地滑动　C. 可以自由滑动　D. 可以自由转动

2. 滚动轴承内径与轴的配合应为（　　）。

A. 基孔制　B. 基轴制

C. 基孔制或基轴制　D. 基准制

3. 带传动机构常见的损坏形式有（　　）、带轮孔与轴配合松动、槽轮磨损、带拉长或断裂、带轮崩裂等。

A. 轴颈弯曲　B. 轴颈断裂　C. 键损坏　D. 轮磨损

4. 带轮张紧力的调整方法是靠改变两带轮的（　　）或用张紧轮张紧。

A. 中心距　B. 位置　C. 转速　D. 平行度

5. 带传动是依靠传动带与带轮之间的（　　）来传动动力的。

A. 作用力　B. 张紧力　C. 摩擦力　D. 弹力

6. 装在同一轴上的两个轴承中，必须有一个的外圈（或内圈）可以在热胀时产生（　　），以免被轴承咬住。

A. 径向移动　B. 轴向移动　C. 轴向转动　D. 径向圆跳动

7. 控制力矩法是用测力扳手使（　　）达到给定值的方法。

A. 张紧力　B. 压力　C. 预紧力　D. 力

8. 键的磨损一般都采取（　　）。

A. 锉配键　B. 更换键　C. 压入法　D. 试配法

9. 过盈连接是依靠包容件和被包容件配合后的（　　）来达到紧固连接的。

A. 压力　B. 张紧力　C. 过盈值　D. 摩擦力

10. 当用螺钉调整法把轴承游隙调节到规定值时，一定要把（　　）拧紧，才算调整完毕。

A. 轴承盖连接螺钉　B. 锁紧螺母

C. 调整螺钉　D. 紧定螺钉

11. 对于形状（　　）的静止配合件拆卸可用拉拔法。

A. 复杂　B. 不规则　C. 规则　D. 简单

12. 在拧紧（　　）布置的成组螺母时，必须对称地进行。

A. 长方形　B. 圆形　C. 方形　D. 圆形或方形

13. 装配紧键时，用涂色法检查键下表面与（　　）接触情况。

A. 轴　B. 毂槽　C. 轴和毂槽　D. 槽底

14. 带传动机构使用一段时间后，V带陷入槽底，这是（　　）造成的。

A. 轴变曲　B. 带拉长　C. 带轮槽磨损　D. 轮轴配合松动

15. 链传动的损坏形式有链被拉长、(　　) 及链断裂等。

A. 销轴和滚子磨损　　B. 链和链轮磨损

C. 链和链轮配合松动　　D. 脱链

16. 影响齿轮传动精度的因素包括齿轮的加工精度、齿轮的精度等级、齿轮副的侧隙要求及 (　　)。

A. 齿形精度　　B. 安装是否正确

C. 传动平稳性　　D. 齿轮副的接触斑点要求

17. 向心滑动轴承按结构不同可分为整体式、剖分式和 (　　)。

A. 部分式　　B. 不可拆式　　C. 叠加式　　D. 内柱外锥式

18. 滚动轴承型号有 (　　) 数字。

A. 5 位　　B. 6 位　　C. 7 位　　D. 8 位

19. 装配前准备工作主要包括零件的清理和清洗、(　　) 和旋转件的平衡试验。

A. 零件的密封性试验　　B. 气压法

C. 液压法　　D. 静平衡试验

20. (　　) 是用测力扳手使预紧力达到给定值的方法。

A. 控制力矩法　　B. 控制螺栓伸长法

C. 控制螺母扭角法　　D. 控制工件变形法

21. 静连接花键装配，要有较少的 (　　)。

A. 过盈量　　B. 间隙　　C. 间隙或过盈量　　D. 无要求

22. (　　) 传动中，其下垂度 2%L 为宜。

A. 带　　B. 链　　C. 齿轮　　D. 螺旋

23. 整体式滑动轴承，当轴套与座孔配合过盈量较大时，宜采用 (　　) 压入。

A. 套筒　　B. 敲击　　C. 压力机　　D. 温差

24. 轴承的轴向固定方式有两端单向固定方式和 (　　) 方式两种。

A. 两端双向固定　　B. 一端单向固定　　C. 一端双向固定　　D. 两端均不固定

25. (　　) 不是装配工作的要点。

A. 零件的清理、清洗　　B. 边装配、边检查

C. 试车前检查　　D. 喷涂、涂油、装管

26. 装配尺寸链是指全部组成尺寸为 (　　) 设计尺寸所形成的尺寸链。

A. 同一零件　　B. 不同零件　　C. 零件　　D. 组成环

27. 圆柱销一般靠过盈固定在 (　　)，用以固定和连接。

A. 轴上　　B. 轴槽中　　C. 传动零件上　　D. 孔中

28. 两带轮在机械上的位置不准确，而引起带张紧程度不同，应用 (　　) 方法检查。

A. 百分表　　B. 量角器　　C. 肉眼观察　　D. 直尺或拉绳

29. 当滚动轴承工作环境清洁、低速、要求脂润滑时，应采用 (　　) 密封。

A. 毡圈式　　B. 迷宫式　　C. 挡圈　　D. 甩圈

30. 滑动轴承因可产生 (　　)，故具有吸振能力。

A. 润滑油膜　　B. 弹性变形　　C. 径向圆跳动　　D. 轴向窜动

四、简答题

1. 密封性试验有哪两种？分别如何操作？

2. 简述常用钳子的分类及应用场合。

单元四

机修钳工

知识范围和学习目标

1. 知识范围

1）设备修理的基本概念。

2）设备拆卸的基本知识。

3）带传动机构的修理。

4）链传动机构的修理。

5）齿轮传动机构的修理。

6）轴承的修理。

7）机床常见故障及排除。

2. 学习目标

1）了解设备检查的划分。

2）掌握设备保养的内容、设备修理的分类、设备修理的工作过程及方法。

3）了解设备拆卸前的准备工作。

4）掌握设备拆卸的常用方法及拆卸时的注意事项。

5）掌握带传动、链传动、齿轮传动机构的常见损坏形式。

6）能够对带传动、链传动、齿轮传动机构常见损坏形式进行修理。

7）了解滑动轴承的损坏形式。

8）能够对动压滑动轴承损坏形式进行修理。

9）掌握滚动轴承常见的故障、产生原因及修理方法。

10）能够对设备的外观进行检查及故障分析。

11）掌握机床常见故障。

12）能够对机床常见故障进行排除。

知识要点和分析

【知识要点一】 设备修理的基本概念

1）设备的检查。设备检查，就是对设备在工作时的运转可靠性、精度保持性和零件磨损情况的检查。

设备检查按时间划分，可分为日常检查和定期检查；按技术划分，可分为机能检查和精度检查。

2）设备的保养。设备的保养分日常保养、一级保养和二级保养。日常保养又分日保养和周保养。日常保养由当班的操作工人进行，机修钳工负责对维护保养进行指导和监督。

3）设备修理的分类。

①维修。维修是设备维护和修理两项作业的总称。

②小修。小修是对设备定期的、间隙时间不长的修理。

③中修。除更换磨损或损坏的零件、检查机构、校准设备几何精度外，还要拆卸和修理经常出现故障的部件。

④大修。大修指的是设备的全面修理，包括机械、电气、液压等系统的修理，使设备的几何精度、性能、通用技术标准都达到国标或出厂标准。

4）设备修理的工作过程。一般包括修理前准备、零部件的拆卸、修理工作、装配和试车验收等步骤。

5）设备修理的方法。包括标准修理法、定期修理法、检查后修理法。

★常见题型

设备的保养分________________、__________________和_________________。

【知识要点二】 设备拆卸的基本知识

1）设备拆卸前的准备工作。读懂设备或零部件的装配图、机械传动系统图、轴承的布置图，熟悉拆卸的操作规程，并要确定典型零部件、关键零部件的正确拆卸方法，准备必要和专用的工具、设备。

2）设备拆卸的常用方法。

①击卸法。击卸法是拆卸工作中最常用的方法，它是用锤子或其他重物对需要拆下来的零部件进行冲击，从而实现把零件拆下来的一种方法。

②拉拔法。拉拔法是利用拔销器、顶拔器或自制顶拔工具进行拆卸的一种方法。这种方法不易损坏零件，只适用于拆卸精度较高的零件。

③顶压法。顶压法适用于形状简单的过盈配合件的拆卸。常利用油压机、螺旋压力机、千斤顶、C 形夹头等进行拆卸。

④温差法。温差法是采用加热包容件或冷冻被包容件，同时借助专用工具来进行拆卸的一种方法。温差法适用于拆卸尺寸较大、配合过盈量较大的机件或精度要求较高的配合件。

⑤破坏法。对于必须拆卸的焊接、铆接、胶结以及难以拆卸的过盈连接等固定连接件，或者因发生事故使花键扭曲变形、轴与轴套咬死及严重锈蚀而无法拆卸的连接件，可采用车、锯、錾、钻、气割等方法进行破坏性拆卸。

★常见题型

拆卸精度较高的零件，采用（　　）。

A. 击卸法　　B. 拉拔法　　C. 破坏法　　D. 温差法

【知识要点三】 带传动机构的修理

1）带轮轴颈弯曲的修理。带轮轴颈弯曲的程度，可用百分表通过测量带轮或轴颈外圆柱面的径向圆跳动来确定。根据弯曲变形的多少，用矫直或更换新轴的方法进行修理。

2）带轮内孔与轮轴配合松动的修理。

①带轮孔径和轮轴的磨损量较小时，可将带轮的孔在车床上修光，再用锉刀修整键槽或另铣新键槽。对与其配合的轮轴可通过镀铬、堆焊和喷镀等方法加大轴颈后，再磨削至配合尺寸。

②带轮孔径、轴颈磨损较严重时，可将带轮孔径镗大一些，并压装衬套，再用骑缝螺钉进行固定，并加工出新的键槽，更换新轴以满足技术要求。

3）带轮磨损的修理。其修理方法是将轮槽切深，同时修整轮缘。

4）V 带拉长的修理。V 带在正常情况下被拉长，可通过调整装置调整两带轮的中心距来补偿。当 V 带的拉长量超过允许值时，则应更换新的 V 带，更换 V 带时要一组 V 带全部更换，以免松紧不一。

5）带轮损坏的修理。当带轮崩裂时，只能通过更换新带轮的方法解决。

6）带轮轴颈上平键键槽磨损的修理。

①加大键槽宽度，但最大键宽不得超过平键标准规定的下一级键宽尺寸。

②如结构允许，可在圆柱上与原键槽转过 60°处另开一个键槽，并将原键槽镶嵌。

★常见题型

带轮轴颈弯曲的程度，可用__________通过测量带轮或轴颈外圆柱面的__________来确定。

【知识要点四】 链传动机构的修理

链传动机构常见的损坏有链条拉长、链和链轮磨损、链轮轮齿折断和链条折断。

1）链条拉长。

①当链轮的中心距可调节时，可通过加大中心距使链条拉紧。

②当链轮的中心距无法调整时，可用卸掉一节或几节链的方法拉紧。

2）链和链轮磨损。磨损严重时必须更换新的链条和链轮。

3）链轮轮齿折断。对断齿进行堆焊后，再修整成符合要求的齿形的修理方法。

4）链条折断。换接新链条，在销轴两端铆合或用弹簧片卡住。

★常见题型

链传动中，由于链轮的牙齿磨损后__________增大，将使链条磨损加快，当磨损严重时必须____________________。

【知识要点五】 齿轮传动机构的修理

1）齿轮严重磨损或崩裂的修理。一般都采用更换新齿轮的方法。更换的新齿轮必须和原齿轮的齿数、模数、压力角保持一致。

2）大模数齿轮局部崩裂的修理。常采用堆焊或镶齿的方法进行修复。

3）精度要求不高、工件转速又较低的大型齿轮的修理。大都采用镶齿的方法修复，还可采用更换轮缘的方法来修理。

★常见题型

采用更换轮缘的方法修理齿轮时，将新轮缘压入车去轮齿的轮坯上，并用__________或________的方法将新轮缘固定。

【知识要点六】 轴承的修理

1）滑动轴承的修理。

滑动轴承的损坏形式有工作表面的磨损、烧熔、剥落及裂纹等，造成这些缺陷的主要原因是油膜因某种原因被破坏，从而导致轴颈与轴承表面产生直接摩擦。

①整体式滑动轴承的修理。一般采用更换的方法。但对于大型的或采用贵重金属材料制成的轴承，可使用金属喷涂的方法恢复其尺寸，也可将轴套切一个平行于轴线的切口。

②剖分式滑动轴承的修理。当两半轴瓦磨损较少时，可通过调整垫片厚度重新配刮的方法修复。

③内柱外锥式滑动轴承的修理。

a. 当轴承内孔仅出现少量磨损时，可通过调整螺母来调整间隙的方法恢复其精度。

b. 当轴瓦内孔发生严重磨损、擦伤时，应拆掉主轴，对轴承进行配刮，以恢复其精度。

c. 当轴承经过多次修刮而不再有调整余量时，可采用喷涂的修复方法加大轴承外径，增加其调整余量。也可车去轴承小端部分圆锥面，增加螺纹长度，以加大轴承的调整范围。

d. 当轴承变形、磨损严重无法再进行调整时，必须更换新的轴承。

④瓦块式自动调位轴承的修理。用与其相配合的瓦块的球面进行配研，使接触斑点不少于70%。通过研磨使瓦块工作表面的研点数在25mm×25mm面积上不少于20个点，表面粗糙度值达到 $Ra\ 0.1\mu m$。

2）滚动轴承的修理。

①轴承工作时发出不规则的声音。原因是可能有杂物进入轴承，应及时清洗或进行润滑。

②轴承工作时发出冲击声。原因是滚动体或轴承圈有破裂现象，应及时更换新轴承。

③轴承工作时发出尖锐哨声。原因是轴承间隙过小或润滑不良，应及时调整间隙，并对轴承进行清洗和润滑。

④轴承工作时发出轰鸣声。原因是轴承内、外圈严重磨损而剥落，应更换新轴承。

★常见题型

(　　) 是滑动轴承的主要特点之一。

A. 摩擦小　　B. 效率高　　C. 工作可靠　　D. 装拆方便

【知识要点七】 机床常见故障及排除

1）运行中设备的外观检查及故障分析。

①发热。机械设备在运行过程中，往往伴随着温升现象。

②振动及噪声。机械产生的振动幅度大会造成一定的危害，它使机械工作性能下降或使机械根本无法工作；使某些零部件因受附加的动载荷影响而加速磨损、疲劳，甚至破裂而缩短其使用寿命或造成事故；振动还将产生噪声，危害人体健康。

③机械磨损、锈蚀。

④连接松动。机械设备在运行过程中，由于冲击、振动或工作温度的变化，都会造成连接件的松动。

2）机床常见故障及排除。

①卧式车床常见故障分析与排除。

②牛头刨床使用中的常见故障分析及排除。

③M131W 万能磨床常见故障。

★常见题型

万能磨床磨削工件表面有忽然拉毛痕迹或细拉毛痕迹，主要原因是砂轮（　　）。

A. 太大　　B. 太小　　C. 太软　　D. 太硬

机修钳工——练习卷1

班级__________ 学号__________ 姓名__________ 成绩__________

一、设备修理的基本知识

1. 设备检查按时间划分，可分为__________和__________；按技术划分，可分为__________和__________。

2. 设备修理主要分为________、________、________和________。

3. 设备修理过程一般包括____________、____________、____________、__________等步骤。

4. 对于设备拆卸工作，应根据设备零部件的__________，采用不同的拆卸方法。常用的拆卸方法有________、________、________、________和________等。

5. 零部件经修复或更换后，即可开始进行装配。在装配过程中，要按照修理验收的精度标准，对设备进行________、____________和____________。

6. 拉拔法是利用__________、__________或自制顶拔工具进行拆卸的一种方法。这种方法不易__________，只适用于拆卸__________的零件。

7. 温差法是采用加热____________或冷冻____________，同时借助专用工具来进行拆卸的一种方法。

8. 精密零件（主轴、丝杠、蜗杆副等）拆卸后必须注意放置方法，以免零件__________、__________，以致__________。

二、传动机构的修理

1. 带轮轴颈弯曲，根据弯曲变形的多少，用________或______________的方法进行修理。

2. 当V带的拉长量超过__________时，则应更换新的V带。应当注意：更换V带时要一组V带全部更换，以免____________。

3. 链传动机构常见的损坏有____________、____________、____________、____________。

4. V带在正常情况下被拉长，可通过调整装置调整两带轮的____________来补偿。

5. 大模数齿轮的制造加工比较________，成本也________。当其出现局部损坏或崩裂时，常采用________或________的方法进行修复。

6. 链条经过一段时间的使用后，最常见的现象就是因链条被拉长而出现________。链条拉长后在运动过程中容易发生________，甚至造成________现象。

三、轴承的修理

1. 滑动轴承的损坏形式有工作表面的__________、__________、__________及__________等。

2. 剖分式滑动轴承修理时，当两半轴瓦磨损较少时，可通过调整____________重新配刮的方法修复。

3. 瓦块式自动调位轴承修理时，将球面螺钉夹在车床卡盘上，用与其相配的________的球面进行配研，使接触斑点________。

4. 滚动轴承是一种已标准化的十分________的运动支承组件，其特点是________、________、________、________、________等。

5. 滚动轴承损坏的形式有________，工件表面产生________、________和________等。

6. 滚动轴承工作时发出尖锐哨声，原因是轴承间隙________或________，应及时调整间隙，并对轴承进行________。

四、机床常见故障及排除

1. 车床主轴轴承达到稳定温度时，轴承的温度和温升均不得超过如下规定：即滑动轴承温度________，温升________；滚动轴承温度________，温升________。

2. 噪声由各种不同________的声音混合而成，噪声达到一定程度时，会给人体健康带来危害。根据测试和研究，为保护人体健康制定的噪声卫生标准是________。

3. 丝杠的轴向间隙过大，应调整丝杠与连接轴的________及其________。

4. 机床导轨磨损而使床鞍倾斜下沉，造成丝杠________，与开合螺母________。

5. 大齿轮精度差、啮合不良，可在机床上研磨大齿轮________至符合精度要求。

6. 造成工件圆度误差，主要原因有工件中心孔________，工件两端中心孔________，顶尖锥度与主轴________，头架、尾座顶尖________，工件顶得________，工件变形等。

机修钳工——练习卷2

班级__________ 学号__________ 姓名__________ 成绩__________

一、填空题

1. 为了保证滚动轴承工作时有一定的热胀余地，在同轴的两个轴承中，必须有一个轴承的内圈或外圈可以在热胀时产生________移动。

2. 设备大修的装配工艺过程包括三个阶段：装配前的________阶段；________装配和________装配阶段；________、检验和________阶段。

3. 导轨按摩擦状态可分为________导轨、________导轨和________导轨。

4. 常用的矫正方法有________法、________法、________法及收边法。

5. 对于设备拆卸工作，应根据设备零部件的结构特点进行拆卸。常用的拆卸方法有________、________、________、________和________等。

6. M1432A型万能外圆磨床液压系统的油压是由溢流阀控制的，调节溢流阀中________的压紧力，便可控制系统压力。

7. 卧式车床溜板箱的主要作用是把光杠和丝杠的旋转运动变为床鞍刀架的______运动。

8. 丝杠的回转精度是指丝杠的径向圆跳动和________的大小。

9. 机床主轴回转精度直接影响机床的加工精度，主要有________、________和________。

10. 用剩余不平衡力矩表示平衡精度时，若两个旋转件的重量不同而剩余不平衡力矩相同，则重量________的旋转件引起的振动小。

二、判断题

1. 机械设备拆卸时，应该按照和装配时相同的顺序进行。（ ）

2. 机械设备中齿轮振动测量的主要目的是迅速、准确地判断齿轮的工作状态，主动地采取预知性修理措施，保证机床正常工作。（ ）

3. 设备的空转试验要求主轴在最高转速时转动10min，滑动轴承的温度不高于60℃，温升不超过30℃。（ ）

4. 检验形状误差时，被测实际要素相对其理想要素的变动量是形状公差。（ ）

5. 设备维修班组和大修班组的生产管理基本相同。（ ）

6. 整体式滑动轴承损坏时，一般都采用修复的方法。（ ）

7. 滑动轴承装配后，必须进行空运转试车4h，试车中若进行故障处理、换油等，空运转时间则减去处理时间，累积4h即可。（ ）

8. 采用圆柱形滑动轴承的高速机械，在高速轻载时，由于偏心距较小，工作较平稳。（ ）

9. 高速旋转机械在试运转时，不能突然加速，也不能在短时间内升至额定转速。（ ）

10. 高速转子的主轴在运行中发生摩擦，会使转子发生弯曲变形。（ ）

11. 中滑板导轨和床身导轨磨损、刀尖相对于主轴中心线下降，不会影响或很微小影响

精车外圆的圆度。 ( )

12. 设备修理中，拆卸无关紧要，重要的是修理和调整。 ( )

13. 为提高丝杠副的精度，常采用消隙机构来调整径向配合间隙。 ( )

14. 高速旋转机器的启动试运转，必须严格按照试车规程进行试车工作，全面掌握待试机械的工作特性和可能出现的运行故障。 ( )

15. 机床在工作过程中的振动，会使加工工件的表面质量严重下降、加快刀具的磨损、机床连接部分松动、零件过早损坏及产生噪声等。 ( )

三、选择题

1. 在轴上空套或滑移的齿轮一般与轴（ ）。

A. 机械配合 B. 过渡配合 C. 过盈配合 D. 间隙或过渡配合

2. 泄漏故障的检查方法有超声波检查、涂肥皂水、涂煤油和（ ）等多种方法。

A. 升温检查 B. 加压检查 C. 性能试验 D. 超速试验

3. 在检修液压设备时，发现油箱中油液呈乳白色，这主要是由于油中混入（ ）造成的。

A. 水或切削液 B. 空气 C. 机械杂质 D. 铁屑

4. 专用检测工具——检验棒，是由主轴孔的接触部分和检测部分组成的，主要是检查主轴（ ）的径向圆跳动。

A. 中心线 B. 前、后轴承连线 C. 孔中心线 D. 孔与中心线

5. 设备运转产生的噪声源或振动源，可用先进的故障诊断技术来诊断。故障诊断技术主要是通过（ ）采样，然后由故障诊断仪器分析、测定故障的。

A. 探头 B. 传感器 C. 示波器 D. 接触器

6. 零件的拆卸方法有很多，（ ）法是适用场所最广、不受条件限制、简单方便的方式，一般零件的拆卸几乎都可以用它。

A. 压卸 B. 拉卸 C. 击卸 D. 加热拆卸

7. 设备主运动机构的转速试验，应从最低速度到最高速度，每级转速不得少于（ ）min，最高转速不得少于30min。

A. 1 B. 2 C. 3 D. 4

8. 用车床车削丝杠，产生螺距误差的原因是机床存在（ ）误差。

A. 主轴 B. 导轨 C. 导轨位置精度 D. 传动链

9. 弯曲的转子在高速旋转时，会引起剧烈振动，这种转子可以通过（ ）来解决不平衡问题。

A. 校直 B. 动平衡 C. 高速动平衡 D. 静平衡

10. 减小滚动轴承配合间隙，可以使主轴承内的（ ）减小，有利于提高主轴的旋转精度。

A. 热胀量 B. 倾斜量 C. 跳动量 D. 窜动量

11. 导轨材料中用得最为普遍的是（ ）。

A. 钢 B. 铸铁 C. 黄铜 D. 铝

12. 修复滑动轴承的主轴时，其修理基准和主轴精度检查的基准是（ ）。

A. 主轴两端中心孔 B. 主轴两端装轴承的轴颈

C. 主轴装砂轮的定位轴颈　　D. 主轴装砂轮的定位端面

13. 滑动轴承产生振动的原因主要是（　）。

A. 间隙过小　B. 间隙过大　C. 油品牌号不对　D. 油膜振荡

14. 在设备故障的诊断方法中，在线检测多用于对大型机组和相关设备进行（　）。

A. 定期检测　B. 不定期检测　C. 巡回检测　D. 连续不断地检测

15. 考核车床主传动系统能否输出设计所允许的最大扭转力矩和功率的试验是（　）。

A. 精车外圆试验　B. 精车端面试验　C. 全负载强度试验　D. 空运转试验

四、简答题

1. 分析滚动轴承常见的故障、产生原因及修理方法。

2. 机床液压系统产生噪声的原因及消除方法有哪些？

机修钳工——复习卷

班级____________ 学号____________ 姓名____________ 成绩____________

一、填空题

1. 轴上安装齿轮按使用性能不同，齿轮孔与轴的配合可采用间隙配合或____________。

2. 在维修中常用到的几何公差判定设备的____________，如直线度、跳动等。

3. 对设备的某个部件或某项精度的修理，称为____________。

4. 调整安装水平的目的是保持其稳定性、减小振动、防止变形和避免不合理的磨损，以及保证____________。

5. 滚珠丝杠广泛运用在机械传动中，其传动精度、摩擦阻力等指标____________传统丝杠副。

6. 在组成系统的单元中只要有一个发生故障，系统就不能完成规定功能的系统称为____________，大多数机械的传动系统都属于该系统。

7. 系统、机械设备或零部件在规定的工作条件下或规定的时间内保持与完成规定功能的能力称为____________。

8. 检验桥板是用于测量机床导轨间、其他部件与导轨间____________的主要工具。

9. 离合器是一种随时能使主动轴、从动轴____________或____________的传动装置，通常用于操纵机械传动、系统启动、停止、换向及变速。

10. 液压系统的控制元件有____________控制阀、____________控制阀和____________控制阀等。

二、判断题

1. 滚齿机工作时噪声、振声过大产生原因及排除方法：主传动部分的齿轮、轴承精度过低，应清洗轴承，配研或更换齿轮，调好齿轮（特别是交换齿轮）的啮合间隙。（　）

2. 设备维修人员为主，设备操作人员参加的对设备的定期大修，称为机械设备二级保养。（　）

3. 设备中修（项修）外观检查，应检查设备安全防护装置，机床接地线不能脱落松动，检查设备润滑状态，检查机床的液压系统。（　）

4. 更换清单，由主管工艺人员提出，由设备人员核定出价格，更换件包括机械、电器、液（气）压的备配件和外购件。（　）

5. 车床维护得好、坏对车床的使用寿命影响不大。（　）

6. 机床的使用寿命取决于二级保养的程度。（　）

7. 轴上加工有对传动件进行径向或轴向固定的结构。（　）

8. 选择滚动轴承配合时，一般要考虑负荷的大小、方向、性质、转速的大小、旋转精度和拆卸是否方便。（　）

9. 用击卸法拆卸零件，可用锤子直接敲击被拆卸部位。（　）

10. 滚动轴承在装配前一定要用毛刷、棉纱进行清洗，只有这样才能清洗干净。（　）

11. 拆卸、修理高压容器时，需打开所有的放泄阀，以使容器内无介质。（　）

12. 经纬仪主要用来测量精密机床的水平转台和可倾工作台的分度精度。（　）

13. 两根导轨在水平面内的垂直度误差，可用框式角尺和百分表配合检查，也可用框式水平仪检查。（　）

14. 润滑油的牌号用数字表示，数值越大，黏度越高。（　）

15. 装配前，零件的清洗是一项很重要的工作，对于橡胶制品（如密封圈等零件），一定要用汽油清洗。（　）

三、选择题

1. 高速旋转机械的转子采用圆柱形滑动轴，只有在（　）情况下工作才稳定。

A. 低速轻载　B. 高速轻载　C. 低速轻载　D. 低速重载

2. 由于砂轮修正不良、素线不直，工作台速度及工件转速过高，横进给量过大，工作台导轨润滑油压力过高，使 M131W 万能外圆磨床在磨削工件表面时常出现（　）。

A. 直波纹　B. 鱼鳞波纹　C. 拉毛痕迹　D. 螺旋线

3. 机械振动通过（　）传播而得到声音。

A. 导体　B. 物体　C. 媒质　D. 气体

4. 在一般情况下，滚动轴承径向配合游隙小于（　），工作游隙大于配合游隙。

A. 配合游隙　B. 原始游隙　C. 工作游隙　D. 传动游隙

5. 高速旋转机械的转子轴颈磨损后，圆柱度误差常出现（　）。

A. 腰鼓形　B. 马鞍形　C. 锥形　D. 椭圆形

6. 高速转子的轴承在进行油循环时，要在进油口装滤网，此滤网要求（　）。

A. 始终工作　B. 循环结束后安装

C. 循环结束后拆除　D. 循环结束后不拆除

7. 长期高速运转的零件，修复前先要（　），以防发生事故。

A. 进行静平衡　B. 进行动平衡　C. 检查配合间隙　D. 进行探伤检查

8. 高速转子的径向轴承要求有较小的表面粗糙度值，为此，径向轴承内孔常采用（　）加工。

A. 精车　B. 精磨　C. 精刮　D. 精铣

9. 交换齿轮（　），将导致滚齿机刀架滑板升降时产生爬行。

A. 啮合间隙过大　B. 啮合间隙过小　C. 交换齿轮架松动　D. 制造精度太低

10. 液压系统的液压冲击是由于液流（　）产生的。

A. 压力过高　B. 流速过快　C. 流量过大　D. 方向迅速改变

11. 精密机床精密零件的修复：各类精密机床的加工精度和使用寿命取决于精密零件的制造和（　），设备大修理中，零件的修复是零件恢复精度的一种手段。

A. 组装过程　B. 零件保养　C. 装配精度　D. 生产过程

12. 大、重、精度要求不高是大型设备机械零件的特点，所以其修复常用焊修、镶补、摸、接、粘结等修复方法，但有一个（　），即不能降低零件的强度和刚性及设备的机械性能，不能大幅度降低设备的使用寿命。

A. 要求　B. 方法　C. 原则　D. 常识

13. 高温设备常指热加工的铸造设备，如造型设备、金属成型设备、熔模设备等，高压设备一般指锻压设备，有空气锤、蒸汽—空气锤、水压机、油压机、平锻压力机、热模锻压机等。它们的共同特点是其零部件损坏基本上都是在高压、高温的（　　）下造成的。

A. 压力条件　　B. 温度条件　　C. 气候条件　　D. 环境条件

14. 大齿轮、小齿轮的修理，若断齿，小齿轮可以更换，大齿轮则可镶齿，焊补后按样板锉齿，若（　　），大齿轮按负高度变位修正滚齿，小齿轮按正高度变位修正制造。

A. 一般磨损　　B. 正常磨损　　C. 磨损较轻　　D. 磨损严重

15. 对滑动轴承转子轴颈进行修复，长期高速运转使轴颈产生磨损、拉毛、（　　）等缺陷。

A. 锈蚀　　B. 断裂　　C. 内伤　　D. 烧伤

四、简答题

1. 数控机床出现了切削振动大的现象，试从主轴部件的方面分析原因并提出处理方法。

2. 列出大型设备大修理时的注意事项。

机修钳工——测验卷

班级______ 学号______ 姓名______ 成绩______

一、填空题

1. 导轨表面在一定的压力下，以一定的速度相对运动，______和______的侵入对于导轨的磨损有很大的影响。

2. 三级保养的内容为______、______、______。

3. 机床导轨面修理时，必须保证在自然状态下，并放在______的基础上进行，以防修理过程中______和影响______。

4. 在检修设备、修复零件、拼装和调整等各项工作中，都需要用______来检查零件的尺寸和______的变化，检查拼装的______是否符合要求。

5. 矫正中部凸起的板料，必须先锤击______，从______向______，并应逐渐由重到轻、由密到稀地锤击，这样凸起的部位才能逐渐趋向平整。

6. 主轴轴颈的同轴度超过公差，将会引起主轴在旋转中产生______。

7. 机械零件损坏可分为______和______两种方式。

8. 机械设备拆卸时的顺序与装配顺序相反，一般按“由______至______，自______而______，先部件再零件”。

9. 精刮时，落刀要______，提刀要______，在每个研点上只刮______刀，并始终______刮削。

10. 要保证一对渐开线齿轮各对轮齿正确啮合，就必须保证它们的______和______分别相等。

二、判断题

1. 维修的发展趋势，指维修方式、维修技术及维修管理三个方面的发展趋势。（　）

2. 计划预防维修制的具体实施可概括为“定期检查、按时保养、计划管理”。（　）

3. 可靠性是指系统、机械设备或零部件在规定的工作条件下和规定的时间内保持并完成规定功能的能力。（　）

4. 大修指平衡性维修。（　）

5. 对设备的某个部件或某项精度的修理，即项修。（　）

6. 机床主轴在重载荷的条件下工作，或者机床主轴的载荷变化范围较大时，就应该选用小孔节流静压轴承。（　）

7. 垫片调整法是数控机床中无间隙传动齿轮副刚性消除间隙方法之一。（　）

8. 设备改造技术通常有三个方面：提高设备可靠性和工序能力；提高劳动生产率；减轻操作劳动强度、提高设备自动化程度。（　）

9. 机床发生故障的可能性总是随着时间的延长而增大的，因而它可以看作时间的函数。（　）

10. 对机床精度项修后只加工试机件，检测试机件合格就代表机床合格。（　）

11. 机械设备在运行过程中，如发现传动系统有异常声音，主轴轴承和电动机温升超过规定时，要立即停车查明原因并立即处理。（ ）

12. 维修设备不需要仪器、仪表、检测工具，只靠钳工的个人经验即可。（ ）

13. 设备上的机械结构和电气线路是相对独立的，维修设备时钳工与电工不需要相互协作。（ ）

14. 当设备加工的产品不合格时说明机床、夹具、刀具都有可能产生异常，需要验证原因所在，当排除刀具、夹具误差后说明是由于设备故障，应对设备进行维修。（ ）

15. 进口设备发生故障后都不能使用国产零部件更换。（ ）

三、选择题

1. 精密机床工作台的直线移动精度，在很大程度上取决于（ ）的精度。

A. 电动机　B. 主轴　C. 床身导轨　D. 齿轮

2. （ ）导轨在水平面内的直线度误差将直接反映在工件加工表面上。

A. 龙门刨床　B. 龙门铣床　C. 转塔车床　D. 卧式车床

3. 车床主轴轴线对床鞍移动的平行度在水平面内超差，可修刮（ ）。

A. 床身与主轴箱的连接面　B. 床身与主轴箱的侧定位面

C. 主轴锥孔　D. 主轴端面

4. 车削细长轴时如果不采取任何工艺措施，由于轴受背向力作用而产生弯曲变形，车完的轴会出现（ ）形状。

A. 腰鼓形　B. 马鞍形　C. 锥体　D. 喇叭体

5. 机床主轴轴承，特别是现代数控机床主轴轴承绝大部分均采用了（ ）润滑。

A. 润滑油　B. 柴油　C. 润滑脂　D. 煤油

6. 车床主轴变速箱安装在床身上时，应保证主轴中心线对溜板移动在垂直平面内的平行度要求，并要求主轴中心线（ ）。

A. 只许向下偏　B. 只许向后偏　C. 只许向上偏　D. 只许向前偏

7. 在卧式车床上车削端面时，切出了如同端面凸轮一般的形状，而在端面中心附近出现一个凸台，这是由于主轴的（ ）引起的。

A. 径向圆跳动　B. 轴向窜动　C. 角度摆动　D. 全跳动

8. 在精密丝杠车床上采用螺距校正装置属于（ ）。

A. 误差补偿法　B. 就地加工法　C. 误差分组法　D. 校正法

9. 主轴轴颈磨损超差，一般是采取（ ）加大尺寸后，按轴承配合要求精密配磨修复。

A. 涂镀法　B. 镀铬法　C. 喷涂法　D. 焊补法

10. 设备故障分为临时性故障和（ ）性故障。

A. 突然　B. 突发　C. 永久　D. 渐进

11. 针对维修班组的工作性质和特点的生产管理，属于（ ）。

A. 技术性　B. 生产性　C. 质量性　D. 服务性

12. 大修班组的修理任务是生产型、计划型的，需要按照指令修理周期，保质、保量地完成上级下达的各项设备修理和（ ）。

A. 装配任务　B. 安装任务　C. 生产任务　D. 改造任务

13. 对长期高速运转的转子轴，首先要进行探伤，对于高速运转零件，尤其是（　　）之类的零件，必须进行探伤检验，以防在零件的金属组织中出现内伤、裂纹等情况，防止这些零件在修复后的生产工作中引发事故。

A. 随轴转动　　B. 定子、风扇　　C. 主轴、转子轴　　D. 齿轮、蜗轮

14. （　　）是可能引起机械伤害的做法。

A. 转动部件停稳前不得进行操作　　B. 不跨越运转的机轴

C. 旋转部件上不得放置物品　　D. 转动部件上可少放些工具

15. 安全检查的方式可分为定期检查、突发检查、连续检查和（　　）4 种。

A. 定期检查　　B. 单项检查　　C. 专门检查　　D. 特种检查

四、简答题

1. 联轴器和离合器有什么相同点和不同点？

2. 滚动轴承轴向预紧的目的是什么？

第二部分

统测过关

统测总复习卷

钳工入门知识

班级__________ 学号__________ 姓名__________ 成绩__________

一、填空题

1. 台虎钳按其结构可分为__________和__________两种。

2. 螺旋测微量具按其用途可分为__________、__________和__________，其中__________应用最普遍。

3. 内径千分尺测量范围很有限，为扩大测量范围可采用__________的方法。

4. 国家标准规定，机械图样中的尺寸以__________为单位。

5. 钢直尺是一种简单的长度量具，可以用来__________，也可以作为划直线时的__________。

6. 金属零件毛坯的制造方法有__________、__________和__________等。

7. 使用砂轮机时，操作者应站在砂轮的__________。

8. 精密加工及检验和修配等操作属于钳工的__________任务。

9. 砂轮机的搁架与砂轮之间的距离一般保持在________之内，否则易造成磨削件被砂轮带入的事故。

10. __________是图样上表面粗糙度常用的符号，__________是它的单位。

11. 重复定位对工件的__________精度有影响，一般是不允许的。

12. 螺纹按旋转方向分______旋螺纹和______旋螺纹。

13. 使用内径百分表测量孔径时，摆动内径百分表所测得的__________尺寸才是孔的实际尺寸。

14. 切削用量包括__________、__________和__________三要素。

15. 钳工是大多使用手工工具并经常在__________上进行手工操作的一个工种。

二、判断题

1. 一张完整装配图的内容包括：一组图形、必要的尺寸、必要的技术要求、零件序号和明细栏、标题栏。（　　）

2. 标注几何公差代号时，几何公差项目符号应写入几何公差框格左起第一格内。（　　）

3. 千分尺当作卡规使用时，要用锁紧装置把测微螺杆锁住。（　　）

4. 内径千分尺在使用时温度变化对示值误差的影响不大。（　　）

5. 将能量由原动机转换到工作机的一套装置称为传动装置。（　　）

6. 带传动有吸振和缓冲作用，且可保证传动比准确。（　　）

7. 液压传动以油液作为工作介质，依靠密封容积的变化来传递运动，依靠油液内部的压力来传递动力。（　　）

8. 工作电压为220V手电钻因采用双重绝缘，故操作时可不必采取绝缘措施。（ ）
9. 保护电路是熔断器的作用。（ ）
10. 用测力扳手使预紧力达到给定值的方法是控制扭角法。（ ）

三、选择题

1. 用游标万能角度尺测量，如果被测量角度大于90°小于180°，读数应加大一个（ ）。
A. 90° B. 180° C. 270° D. 360°
2. 材料的（ ）越好，它的可锻性也就越好。
A. 强度 B. 塑性 C. 硬度 D. 刚性
3. 磨削时，砂轮是一种特殊的切削（ ）。
A. 工具 B. 刀具 C. 夹具 D. 设备
4. 切削过程中的变形和摩擦所消耗的功转化为（ ）。
A. 机械能 B. 电能 C. 热能 D. 动能
5. 由于量块的制造、线纹尺的刻线所引起的测量误差属于（ ）误差。
A. 计量器具 B. 测量方法 C. 标准器 D. 环境
6. 要想减少温度引起的测量误差，最好是在（ ）的条件下测量。
A. 0℃ B. 10℃ C. 20℃ D. 30℃
7. （ ）是靠刀具和工件之间做相对运动来完成的。
A. 焊接 B. 金属切削加工 C. 锻造 D. 切割
8. 标注几何公差代号时，几何公差数值及有关符号应填写在几何公差框格左起（ ）。
A. 第一格 B. 第二格 C. 第三格 D. 任意
9. 表面粗糙度评定参数，规定省略标注符号的是（ ）。
A. 轮廓算术平均偏差 B. 微观不平度十点高度
C. 轮廓最大高度 D. 均可省略
10. 孔的上极限尺寸与轴的下极限尺寸之差为正值称为（ ）。
A. 间隙值 B. 最小间隙 C. 最大间隙 D. 最小过盈
11. （ ）为形状公差项目符号。
A. ⊥ B. // C. ◎ D. ○
12. 液压传动是依靠（ ）来传递运动的。
A. 油液内部的压力 B. 密封容积的变化
C. 活塞的运动 D. 油液的流动
13. 液压系统中的辅助部分指的是（ ）。
A. 液压泵 B. 液压缸
C. 各种控制阀 D. 输油管、油箱等
14. 刀具材料的硬度越高，耐磨性（ ）。
A. 越差 B. 越好 C. 不变 D. 消失
15. （ ）是形状复杂、精度较高的刀具应选用的材料。
A. 工具钢 B. 高速钢 C. 硬质合金 D. 碳素钢

四、简答题

1. 钳工必须掌握哪些基本操作？

2. 按工作的性质来分，钳工工种可分为哪几类？各自担负的主要任务是什么？

3. 使用外径千分尺的注意事项有哪些？

工具钳工

班级____________ 学号____________ 姓名____________ 成绩____________

一、填空题

1. 锉刀按其用途不同，分为__________锉、___________锉和___________锉3种。
2. 锉削速度一般控制在__________以内。
3. 锯削时的速度一般控制在__________以内。
4. 套螺纹用的主要工具为__________和__________。
5. 锯削硬材料、管子或薄板零件时，宜选用__________锯条。
6. 攻不通孔螺纹时，底孔深度要__________所需的螺纹深度。
7. 游标卡尺的尺身每一格为1mm，游标共有50格，当量爪并拢时，游标的50格正好与尺身的49格对齐，则该游标卡尺的分度值为__________。
8. 机械制图常见的三种剖视是__________、__________、__________。
9. 测量方法的总误差包括__________误差和__________误差。
10. 锯条的切削角度前角为_______，后角为_______。

二、判断题

1. 研磨有手工操作和机械操作两种方法。 (   )
2. 主要用于低碳工具钢、合金工具钢、高速钢和铸铁工件研磨的磨料是碳化物磨料。 (   )
3. 牛头刨床上刨刀的直线往复运动是进给运动，工件的移动是主运动。 (   )
4. 锯路就是锯条在工件上锯过的轨迹。 (   )
5. 麻花钻主切削刃上各点的前角大小相等则切削条件好。 (   )
6. 内径千分尺在使用时温度变化对示值误差的影响不大。 (   )
7. 刮削具有切削量小、切削力小、产生热量小、装夹变形小等特点。 (   )
8. 千分尺当作卡规使用时，要用锁紧装置把测微螺杆锁住。 (   )
9. 立式钻床的主要部件包括主轴变速箱、主轴、进给变速箱和齿条。 (   )
10. 将能量由原动机转换到工作机的一套装置称为传动装置。 (   )
11. 带传动有吸振和缓冲作用，且可保证传动比准确。 (   )
12. 畸形工件划线时，当工件重心位置落在支承面的边缘部位时，必须相应加上辅助支承。 (   )
13. 在相同的钻床设备条件下，群钻的进给量比麻花钻大得多，因而钻孔效率会大大提高。 (   )
14. 钻削小孔时，钻头在半封闭状态下工作，切削液难以进入切削区，因而切削温度高、磨损加快、钻头的使用寿命较短。 (   )
15. 用接长麻花钻钻深孔时，同深孔钻一样，可以一钻到底，不必在钻削过程中退钻排屑。 (   )

16. 在刀具材料中，耐热性由低到高次序排列是碳素工具钢、合金工具钢、高速钢和硬质合金。（　）

17. 在夹具上装夹工件，定位精度高且稳。（　）

18. 量规在制造过程中，可通过冷处理提高材料的硬度和耐磨性。（　）

19. 用深孔钻钻削深孔时，可用压力将切削液注入切削区，冷却和排屑的效果好。（　）

20. 钻削相交孔时，一定要注意钻孔顺序：小孔先钻，大孔后钻；短孔先钻，长孔后钻。（　）

三、选择题

1. 用划针划线时，针尖要紧靠（　）的边沿。

A. 工件　B. 导向工具　C. 平板　D. 角尺

2. 划线时，都应从（　）开始。

A. 中心线　B. 基准面　C. 设计基准　D. 划线基准

3. 錾子的前刀面与后刀面之间夹角称（　）。

A. 前角　B. 后角　C. 楔角　D. 副后角

4 当錾削接近尽头（　）时，必须调头錾去余下的部分。

A. 0 ~ 5mm　B. 5 ~ 10mm　C. 10 ~ 15mm　D. 15 ~ 20mm

5. 锉刀的主要工作面指的是（　）。

A. 有锉纹的上、下两面　B. 两个侧面

C. 全部表面　D. 顶端面

6. 双齿纹锉刀适用锉（　）材料。

A. 软　B. 硬　C. 大　D. 厚

7. 锯条在制造时，使锯齿按一定的规律左右错开，排列成一定形状，称为（　）。

A. 锯齿的切削角度　B. 锯路

C. 锯齿的粗细　D. 锯削

8. 标准麻花钻的后角：在（　）内后刀面与切削平面之间的夹角。

A. 基面　B. 主截面　C. 柱截面　D. 副后刀面

9. 标准群钻的形状特点是三尖七刃（　）。

A. 两槽　B. 三槽　C. 四槽　D. 五槽

10. 常用螺纹按（　）可分为普通螺纹、方形螺纹、条形螺纹、半圆螺纹和锯齿螺纹等。

A. 螺纹的用途　B. 螺纹轴向剖面内的形状

C. 螺纹的受力方式　D. 螺纹在横向剖面内的形状

11. 攻螺纹进入自然旋进阶段时，两手旋转用力要均匀并要经常倒转（　）圈。

A. 1 ~ 2　B. 1/4 ~ 1/2　C. 1/5 ~ 1/8　D. 1/8 ~ 1/10

12. 起套结束进入正常套螺纹时（　）。

A. 要加大压力　B. 不要加压　C. 适当加压　D. 可随意加压

13. 检查用的平板其平面度要求 0.03mm，应选择（　）方法进行加工。

A. 磨　B. 精刨　C. 刮削　D. 锉削

14. 粗刮时，显示剂调得（ ）。
A. 干些 B. 稀些 C. 不干不稀 D. 稠些
15. 检查曲面刮削质量，其校准工具一般是与被检曲面配合的（ ）。
A. 孔 B. 轴 C. 孔或轴 D. 都不是
16 刮刀头一般由（ ）锻造并经磨制和热处理淬硬而成。
A. Q235 B. 45 钢 C. T12A D. 铸铁
17. 立式钻床的主要部件包括主轴变速箱、进给变速箱、（ ）和进给手柄。
A. 进给机构 B. 操纵机构 C. 齿条 D. 主轴
18. 使用锉刀时不能（ ）。
A. 推锉 B. 来回锉 C. 单手锉 D. 双手锉
19. 钻床钻孔时，车（ ）不准捏停钻夹头。
A. 停稳 B. 未停稳 C. 变速时 D. 变速前
20. 用分度头划线时，分度头手柄转一周装夹在主轴上的工件转（ ）。
A. 1 周 B. 20 周 C. 40 周 D. 1/40 周

四、简答题

1. 写出图 2 – 1 中数字所指部分的名称。

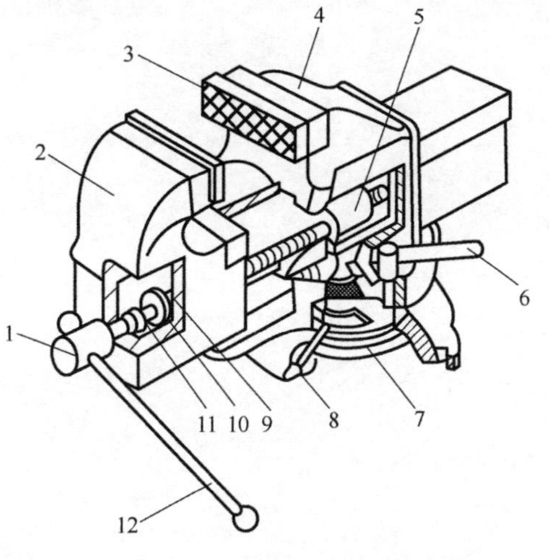

图 2 – 1 简答题 1 图

（1）______ （2）______ （3）______ （4）______
（5）______ （6）______ （7）______ （8）______
（9）______ （10）______ （11）______ （12）______

2. 钻削直径 $\phi 3mm$ 以下的小孔时，必须掌握哪些要点？

3. 大型工件划线时，合理选定第一划线位置的目的是什么？合理选定第一划线位置一般有哪些原则？

4. 装锯条时为何不能太紧或太松？锯条过早磨损的原因有哪些？

装配钳工

班级____________ 学号____________ 姓名____________ 成绩____________

一、填空题

1. 平键在装配时，它与轴上键槽的两侧面必须______________，而键顶面和轮毂间必须______________。

2. 滚动轴承通常由______________、____________、____________、______________组成。

3. 装拆过盈连接的方法大致有三种：__________、__________、__________。

4. 利用开口销与带槽螺母锁紧，属于____________装置。

5. 滚动轴承的装配，主要是指________________________________的配合。

6. 为了保证滚动轴承工作时有一定的热胀余地，在同轴的两个轴承中，必须有一个轴承的内圈或外圈可以在热胀时产生____________移动。

7. 零部件间的连接一般可以分为__________连接和__________连接两类。

8. 装配单元：对于结构比较复杂的产品，为了便于组织生产和分析问题，根据产品的______________和各部分的作用将其分解成若干可以独立装配的部分。装配单元又可以分为__________、__________和__________。

9. 零件的装配方法有______________、______________、______________和______________。

10. 常见的机械传动有：______________、______________、______________、____________、______________、______________等。

二、判断题

1. 蜗杆传动通常用于两轴线在空间垂直交错的场合。（ ）

2. 键是标准零件。（ ）

3. 键连接根据装配时的精确程度不同，可分为松键连接和紧键连接两类。（ ）

4. 根据普通平键截面形状的不同，可分为 A 型、B 型和 C 型三种。（ ）

5. 圆柱销和圆锥销的销孔一般均需铰制。（ ）

6. 圆柱销是靠微量过盈固定在销孔中的，因此经常拆装也不会降低定位的精度和连接的可靠性。（ ）

7. 连接用的螺纹，大多采用多线梯形螺纹。（ ）

8. 弹簧垫圈和双螺母都属于机械防松。（ ）

9. 用联轴器连接的两根轴，可以在机器运转的过程中随时进行分离或接合。（ ）

10. 链条的下垂度是反映链条装配后的松紧程度，所以要适当。（ ）

11. 齿轮与轴为锥面配合时，其装配后，轴端与齿轮端面应贴紧。（ ）

12. 槽销定位用于承受振动和有变向载荷的地方。（ ）

13. 为传递较大转矩，带轮与轴的装配还需要用紧固件保证轴的周向固定和轴向固定。（ ）

14. 当螺栓断在孔内时，可用直径比螺纹小径小0.5～1mm的钻头钻去螺栓，再用丝锥攻出内螺纹。 （ ）

15. 完全互换装配法常用于大批量生产中装配精度要求很高、组成环数较少的场合。（ ）

三、选择题

1. 高速机械的（ ）是可能引起振动的主要元件。
A. 支架 B. 轴承 C. 转子 D. 轴

2. 精密磨床主轴中心孔是主轴上各圆柱表面加工时的（ ）。
A. 设计基准 B. 划线基准 C. 原始基准 D. 回转基准

3. 当螺柱旋入材料时，其过盈量要适当（ ）。
A. 大些 B. 小些 C. 和硬材料一样 D. 过大些

4. 弹簧垫圈开口斜度是（ ）。
A. 40°～50° B. 50°～60° C. 70°～80° D. 80°～90°

5. 不需螺母只需通过一个零件的通孔，再拧入另一个零件螺孔的连接称为（ ）。
A. 螺栓连接 B. 螺柱连接 C. 螺钉连接 D. 特殊螺纹连接

6. 松键连接靠键的（ ）传递转矩。
A. 侧面 B. 上、下面 C. 两端面 D. 六个面

7. 导向键固定在轴槽，并用（ ）固定。
A. 螺栓 B. 螺钉 C. 点焊 D. 点铆

8. 过盈连接结构简单、（ ）、承载能力强，能承受载荷冲击力。
A. 同轴度高 B. 同轴度低 C. 对中性差 D. 对称度差

9. 圆锥面过盈连接，要求接触面积达到（ ）。
A. 60% B. 70% C. 75% D. 80%

10. 齿侧间隙检验铅线直径不宜超过最小间隙的（ ）倍。
A. 2 B. 4 C. 6 D. 8

11. 一般情况下动力齿轮的工作平衡性和接触精度都应比运动精度（ ）。
A. 高一级 B. 低一级 C. 相同 D. 高两级

12. 圆柱齿轮装配，齿面出现不规则接触，原因是齿面（ ）或碰伤、隆起需修理。
A. 形状不正确 B. 有毛刺 C. 位置不准 D. 中心距小

13. 两锥齿轮高低接触，（ ）是使小齿轮定位正确且侧隙正常的调整修复方法。
A. 大齿轮移进 B. 大齿轮移出 C. 调换零件 D. 修刮轴瓦

14. 影响蜗杆副啮合精度以（ ）为最大。
A. 蜗轮轴线倾斜 B. 蜗轮轴线对称，蜗轮中心面偏移
C. 中心距 D. 箱体

15. 检验蜗杆箱轴线的垂直度要用（ ）。
A. 千分尺 B. 游标卡尺 C. 百分表 D. 量角器

16. 蜗杆传动机构的装配顺序应根据具体结构情况而定，一般先装配（ ）。
A. 蜗轮 B. 蜗杆 C. 结构 D. 啮合

17. 丝杠副应有较高的配合精度，并有准确的配合（ ）。
A. 过盈 B. 间隙 C. 径向间隙 D. 轴向间隙

18. 丝杠的回转精度主要是通过正确安装丝杠上的（　　）来保证。
A. 螺母　　B. 轴承支座
C. 消隙机构　　D. 丝杠和螺母的径向间隙
19. 滑动轴承主要特点是平稳、无噪声、能承受（　　）。
A. 高速度　　B. 大扭矩　　C. 较大冲击载荷　　D. 较大径向力
20. 配制轴套时，点子的分布情况应（　　）。
A. 两端硬，中间软　　B. 两端软，中间硬
C. 一样硬　　D. 一样软
21. 当环境温度≥38℃时，滚动轴承不应超过（　　）。
A. 65℃　　B. 80℃　　C. 38℃　　D. 50℃
22. 单列向心球轴承209，其轴承孔径为（　　）。
A. 9mm　　B. 18mm　　C. 36mm　　D. 45mm
23. 推力球轴承有松、紧圈之分，装配时一定要使紧圈靠在（　　）零件表面上。
A. 静止　　B. 转动　　C. 移动　　D. 随意
24. 滑动轴承中加润滑剂作用：减小轴承中的（　　）、带走热量、缓冲吸振。
A. 摩擦与磨损　　B. 防锈　　C. 冷却　　D. 密封
25. 润滑剂可分为润滑油、润滑脂和（　　）三大类。
A. 柴油　　B. 黄油　　C. 固体润滑剂　　D. 齿轮油

四、简答题

1. 修配法装配有哪些特点？

2. 零件在装配过程中的清理和清洗工作包括哪三个方面？

3. 为什么攻螺纹前底孔直径必须大于螺纹小径的公称尺寸？

4. 试述圆柱销连接的装配技术要求。

机修钳工

班级________ 学号________ 姓名________ 成绩________

一、填空题

1. 机床主轴回转精度直接影响机床的加工精度，主要有________、________、和________。

2. ________用来保护电源，保证其不在短路状态下工作；________用来保护异步电动机，保证其不在过载状态下运行。

3. 常用的矫正方法有________法、________法、________法及收边法。

4. 卧式车床溜板箱的主要作用是把光杠和丝杠的旋转运动转变为床鞍刀架的________运动。

5. 用剩余不平衡力矩表示平衡精度时，若两个旋转件的重量不同而剩余不平衡力矩相同，则重量________的旋转件引起的振动小。

6. 丝杠的回转精度是指丝杠的径向圆跳动和________的大小。

7. M1432A 型万能外圆磨床液压系统的油压是由溢流阀控制的，调节溢流阀中________的压紧力，便可控制系统压力。

8. 采用修配法进行装配时，要进行修配的组成环称为修配环，也称________环。

9. 设备大修的装配工艺过程包括三个阶段：装配前的________阶段；________装配和________装配阶段；________、检验和________阶段。

10. 带轮孔与轴的配合通常采用________过渡配合。

二、判断题

1. 如果放置的物体是动平衡的，它就不会产生动不平衡。 ( )

2. 在进行了平衡工作后的旋转体，不允许有剩余不平衡量的存在。 ( )

3. 产品精度的检验，包括几何精度检验和相互位置精度检验等。 ( )

4. 机床在工作过程中的振动，使被加工工件的表面质量严重下降、加快刀具的磨损、机床连接部分松动、零件过早损坏及产生噪声等。 ( )

5. 在装配尺寸链中，预先确定修配调整的环可以是增环，也可以是减环或封闭环。 ( )

6. 修配法解尺寸链的主要任务是确定修配环在加工时的实际尺寸，保证修配时有足够的而且是最小的修配量。 ( )

7. 多瓦式动压轴承瓦内孔必须加工到较高的精度，通常采用刮削的方法。 ( )

8. 滚动轴承的游隙越小越好。 ( )

9. 三角形—矩形组合导轨导向性好、刚度好，应用于车床与磨床床身导轨。 ( )

10. 测量床身导轨垂直平面内直线度的量具一般用百分表。 ( )

11. 片式摩擦离合器装配要解决片式摩擦离合器发热和磨损补偿问题，装配时要注意调整好摩擦面间的间隙。 ( )

12. 卸荷回路可采用 H 型或 M 型换向阀中位滑阀机能来实现。 ( )

13. 如果过滤器堵塞而造成液压泵吸油不足一般应换新过滤器。 ( )

14. 内燃机的压缩比表示气体在气缸内被压缩的程度，压缩比越大，气体的压力和温度越高。 ( )

15. 柴油机的可燃混合气由电火花强制点火，汽油机的可燃混合气在高温下自行着火燃烧。 ( )

16. 过盈连接配合表面应具有较小的表面粗糙度值，圆锥面过盈连接还要配合接触面积达到 75% 以上，以保证配合稳固性。 ( )

17. 管道连接，应在管路的最高部分装设排气装置。 ( )

18. 联轴器装配时，两轴的同轴度误差过大将使联轴器传动轴及轴承产生附加负荷，引起发热，加速磨损，甚至发生疲劳而断裂。 ( )

19. 圆锥摩擦离合器的装配，色斑应靠近锥体小端。 ( )

20. 圆锥销和紧定螺钉可以对轴上零件进行周向和轴向固定。 ( )

三、选择题

1. 设备运转产生的噪声源或振动源，可用先进的故障诊断技术来诊断。故障诊断技术主要是通过（ ）采样，然后由故障诊断仪器分析、测定故障的。

A. 探头　　B. 传感器　　C. 示波器　　D. 接触器

2. 由于砂轮修正不良、素线不直，工作台速度及工件转速过高，横进给量过大，工件台导轨润滑油压力过高，使 M131W 万能外圆磨床在磨削工件表面时常出现（ ）。

A. 直波纹（棱圆）　　B. 鱼鳞波纹　　C. 拉毛痕迹　　D. 螺旋线

3. 零件的拆卸方式有很多，（ ）法是适用场所最广、不受条件限制、简单方便的方式，一般零件的拆卸几乎都可以用它。

A. 压卸　　B. 拉卸　　C. 击卸　　D. 加热拆卸

4. 机械振动通过（ ）传播而得到声音。

A. 导体　　B. 物体　　C. 媒质　　D. 气体

5. 设备主运动机构的转速试验，应从最低转速到最高转速，每级转速不得少于（ ），最高转速不得少于 30min。

A. 1min　　B. 2min　　C. 3min　　D. 4min

6. 在轴上空套或滑移的齿轮一般与轴（ ）。

A. 间隙配合　　B. 过渡配合　　C. 过盈配合　　D. 间隙或过渡配合

7. 锥齿轮装配，小齿轮轴向位置确定好后，按齿侧间隙要求决定大齿轮的（ ）位置。

A. 径向　　B. 周向　　C. 轴向　　D. 垂直

8. （ ）尺寸差，零件轴向精度差。

A. 轴径　　B. 轴颈　　C. 轴段　　D. 轴段和轴径

9. （ ）是利用外界的油压系统供给一定压力的润滑油，使轴颈在轴承被油膜隔开。

A. 静压润滑　　B. 动压润滑　　C. 飞溅润滑　　D. 滴油润滑

10. 整体式滑动轴承套和轴承座为（ ）。

A. 间隙配合　　B. 过渡配合　　C. 过盈配合　　D. 间隙或过渡配合

11. (　　) 是主要承受径向载荷的滚动轴承。

A. 向心轴承　　B. 角接触轴承　　C. 推力轴承　　D. 推力球轴承

12. 在高温高压场合，宜选用 (　　)。

A. 润滑油　　B. 机械油　　C. 润滑脂　　D. 固体润滑剂

13. 机器试运转，在进行负荷试验前必须进行 (　　)。

A. 性能试验　　B. 寿命试验　　C. 空运转试验　　D. 破坏性试验

14. 手动葫芦不得超载使用，当拉不动时，应检查葫芦 (　　)。

A. 拉链人数　　B. 是否损坏　　C. 额定载荷　　D. 极限高度

15. 使用油压千斤顶时，主活塞行程不得超过 (　　) 标志。

A. 千斤顶极限高度　　B. 千斤顶额定载荷

C. 物体的起升高度　　D. 物体的载荷

16. 夹具旋转运动元件的配合间隙，应根据不同的配合 (　　) 确定。

A. 位置　　B. 方法　　C. 形式　　D. 精度

17. 在精密夹具装配的调整过程中，一个重要环节是如何正确地选择 (　　)。

A. 补偿件　　B. 导向元件　　C. 夹具体　　D. 定位元件

18. 零件浇注合金的部位先用砂纸打磨，然后用丙酮或甲苯进行 (　　)。

A. 清洗　　B. 擦拭　　C. 清理　　D. 反应

19. 导向元件装配时产生的综合误差，在夹具调整时未加注意，使用时会影响夹具的 (　　)。

A. 耐用度　　B. 使用性能　　C. 质量　　D. 拆装性能

20. 对定销装配后其导向部分的轴线与分度板的分度孔轴线之间必须 (　　)。

A. 一致　　B. 对正　　C. 平行　　D. 垂直

21. 为保证制件和废料能顺利地卸下和顶出，冲裁模的卸料装置和顶料装置的装配应 (　　)。

A. 正确而灵活　　B. 正确而牢固

C. 保证完成基本动作　　D. 保证相对位置精度

四、简答题

1. 机床液压系统产生噪声的原因及消除办法有哪些?

2. 造成液压系统爬行的因素有哪些?

3. 滚动轴承实现轴向预紧的方法有哪几种？

4. 什么是机械设备拆卸原则？

统测模拟试卷1

班级__________ 学号__________ 姓名__________ 成绩__________

一、选择题（第1题~第80题。选择一个正确的答案，将相应的字母填入题内的括号中。每题1分，满分80分。）

1. 一张完整装配图的内容包括一组图形、必要的尺寸、（　　）、零件序号和明细栏、标题栏。

A. 技术要求　　B. 必要的技术要求
C. 所有零件的技术要求　　D. 表面粗糙度及几何公差

2. 标注几何公差代号时，几何公差项目符号应填写在几何公差框格左起（　　）。

A. 第一格　　B. 第二格　　C. 第三格　　D. 任意

3. R_z 是表面粗糙度评定参数中（　　）的符号。

A. 轮廓算术平均偏差　　B. 微观不平度十点高度
C. 轮廓最大高度　　D. 轮廓不平程度

4. 零件图中注写极限偏差时，上、下极限偏差小数点（　　），零偏差必须标注。

A. 必须对齐　　B. 不需对齐
C. 对齐不对齐两可　　D. 依个人习惯

5. 局部剖视图用波浪线作为剖与未剖部分的分界线，波浪线的粗细是粗实线粗细的（　　）。

A. 1/3　　B. 2/3　　C. 相同　　D. 1/2

6. 千分尺固定套筒上的刻线间距为（　　）。

A. 1mm　　B. 0.5mm　　C. 0.01mm　　D. 0.001mm

7. 孔的上极限尺寸与轴的下极限尺寸之差为负值称为（　　）。

A. 过盈值　　B. 最小过盈　　C. 最大过盈　　D. 最大间隙

8. 下列（　　）为形状公差项目符号。

A. ⊥　　B. //　　C. ◎　　D. ○

9. 将能量由（　　）传递到工作机的一套装置称为传动装置。

A. 汽油机　　B. 柴油机　　C. 原动机　　D. 发电机

10. 液压传动是依靠（　　）来传递动力的。

A. 油液内部的压力　　B. 密封容积的变化
C. 油液的流动　　D. 活塞的运动

11. 液压系统中的执行部分是指（　　）。

A. 液压泵　　B. 液压缸
C. 各种控制阀　　D. 输油管、油箱等

12. 液压系统不可避免地存在泄漏现象，故其（　　）不能保持严格、准确。

A. 执行元件的动作　　B. 传动比
C. 流速　　D. 油液压力

13. 刀具材料的硬度越高，耐磨性（　　）。
A. 越差　B. 越好　C. 不变　D. 消失

14. 加工塑性金属材料应选用（　）硬质合金。
A. YT 类　B. YG 类　C. YW 类　D. YN 类

15. 长方体工件定位，在导向基准面上应分布（　）支承点，并且要在同一平面上。
A. 一个　B. 两个　C. 三个　D. 四个

16. 下列制动中（　　）不是电动机的制动方式。
A. 机械制动　B. 液压制动
C. 反接制动　D. 能耗制动

17. 渗碳零件用钢是（　　）。
A. 20Cr　B. 45　C. T10　D. T4

18. 零件的加工精度和装配精度的关系（　）。
A. 有直接影响　B. 无直接影响　C. 可能有影响　D. 可能无影响

19. 用划针划线时，针尖要紧靠（　）的边沿。
A. 工件　B. 导向工具　C. 平板　D. 角尺

20. 在零件图上用来确定其他点、线、面位置的基准称为（　　）基准。
A. 设计　B. 划线　C. 定位　D. 修理

21. 选择錾子楔角时，在保证足够强度的前提下，尽量取（　）数值。
A. 较小　B. 较大　C. 一般　D. 随意

22. 当錾削接近尽头（　　）时，必须调头錾去余下的部分。
A. 0 ~5mm　B. 5 ~10mm　C. 10 ~15mm　D. 15 ~20mm

23. 平锉、方锉、圆锉、半圆锉和三角锉属于（　　）类锉刀。
A. 特种锉　B. 整形锉　C. 钳工锉　D. 异形锉

24. 双齿纹锉刀适合锉（　　）材料。
A. 软　B. 硬　C. 大　D. 厚

25. 锯条在制造时，使锯齿按一定的规律左右错开，排列成一定形状，称为（　）。
A. 锯齿的切削角度　B. 锯路
C. 锯齿的粗细　D. 锯削

26. 锯条的粗细是以（　）长度内的齿数表示的。
A. 15mm　B. 20mm　C. 25mm　D. 35mm

27. 对于标准麻花钻而言，在正交平面内（　　）与基面之间的夹角称为前角。
A. 后刀面　B. 前刀面　C. 副后刀面　D. 切削平面

28. 标准群钻的形状特点是三尖七刃（　　）。
A. 两槽　B. 三槽　C. 四槽　D. 五槽

29. （　　）由于螺距小、螺纹升角小、自锁性好，除用于承受冲击振动或变载的连接外，还用于调整机构。
A. 粗牙螺纹　B. 管螺纹　C. 细牙螺纹　D. 矩形螺纹

30. 攻螺纹进入自然旋进阶段时，两手旋转用力要均匀并要经常倒转（　）圈。
A. 1 ~2　B. 1/4 ~1/2　C. 1/5 ~1/8　D. 1/8 ~1/10

31. 起套结束进入正常套螺纹时（　　）。
A. 要加大压力　B. 不要加压　C. 适当加压　D. 可随意加压
32. 检查用的平板其平面度要求0.03mm，应选择（　）方法进行加工。
A. 磨削　B. 精刨　C. 刮削　D. 锉削
33. 涂布显示剂的厚度，是随着刮削面质量的渐渐提高而逐渐减薄，其涂层厚度以不大于（　　）为宜。
A. 3mm　B. 0.3mm　C. 0.03mm　D. 0.003mm
34. 检查曲面刮削质量，其校准工具一般是与被检曲面配合的（　　）。
A. 孔　B. 轴　C. 孔或轴　D. 都不是
35. 粗刮时，粗刮刀的刃磨成（　　）。
A. 略带圆弧　B. 平直　C. 斜线形　D. 曲线形
36. 刮削中，采用正研往往会使平板产生（　　）。
A. 平面扭曲现象　B. 研点达不到要求
C. 一头高一头低　D. 凹凸不平
37. 矫直棒料时，为消除因弹性变形所产生的回翘可（　　）一些。
A. 适当少压　B. 用力小
C. 用力大　D. 使其反向弯曲塑性变形
38. 当金属薄板发生对角翘曲变形时，其矫平方法是沿（　　）锤击。
A. 翘曲的对角线　B. 没有翘曲的对角线
C. 周边　D. 四周向中间
39. 板料在宽度方向上的弯曲，可利用金属材料的（　　）。
A. 塑性　B. 弹性　C. 延伸性能　D. 导热性能
40. 按照规定的技术要求，将若干零件结合成部件或者若干个零件和部件结合成机器的过程称为（　　）。
A. 装配　B. 装配工艺过程　C. 装配工艺规程　D. 装配工序
41. 产品装配的常用方法有完全互换装配法、选择装配法、（　　）和调整装配法。
A. 修配装配法　B. 直接选配法　C. 分组选配法　D. 互换装配法
42. 零件的清理、清洗是（　　）的工作要点。
A. 装配工艺过程　B. 装配工作　C. 部件装配工作　D. 装配前准备工作
43. （　　）不属于装配工艺过程的内容。
A. 装配前及准备工作　B. 装配工作的组织形式
C. 装配工作　D. 喷漆、涂油、装箱
44. 壳体、壳体中部的鼓形回转体、主轴、分度机构和分度盘组成（　　）。
A. 分度头　B. 套筒　C. 手柄芯轴　D. 螺旋
45. 立式钻床的主要部件包括主轴变速箱（　　）、主轴和进给手柄。
A. 进给机构　B. 操纵机构　C. 进给变速箱　D. 铜球接合子
46. （　　）是用测力扳手使预紧力达到给定值的方法。
A. 控制力矩法　B. 控制螺栓伸长法
C. 控制螺母扭角法　D. 控制工件变形法

47. 松键装配在（ ）方向，键与轴槽的间隙是0.1mm。

A. 键宽 B. 键长 C. 键上表面 D. 键下表面

48. 装配紧键时，用（ ）检查键上、下表面与轴和毂槽接触情况。

A. 试配法 B. 涂色法 C. 锉配法 D. 压入法

49. 销连接在机械中除起到连接作用外，还起（ ）和保险作用。

A. 定位作用 B. 传动作用 C. 过载剪断 D. 固定作用

50. 过盈连接是依靠包容件和被包容件配合后的（ ）来达到紧固连接的。

A. 压力 B. 张紧力 C. 过盈值 D. 摩擦力

51. 过盈连接的配合面多为（ ），也有圆锥面或其他形式的。

A. 圆形 B. 正方形 C. 圆柱面 D. 矩形

52. 影响齿轮（ ）的因素包括齿轮加工精度、齿轮的精度等级、齿轮副的侧隙要求及齿轮副的接触斑点要求。

A. 运动精度 B. 传动精度 C. 接触精度 D. 工作平稳性

53. 转速高的大齿轮装在轴上后应做平衡检查，以免工作时（ ）。

A. 松动 B. 脱落 C. 振动 D. 加剧磨损

54. 轮齿的（ ）应用涂色法检查。

A. 啮合质量 B. 接触斑点 C. 齿侧间隙 D. 接触精度

55. 普通圆柱（ ）传动的精度等级有12个。

A. 齿轮 B. 蜗杆 C. 体 D. 零件

56. 蜗杆与蜗轮的轴线相互间有（ ）关系。

A. 平行 B. 重合 C. 倾斜 D. 垂直

57. （ ）的装配技术要求要连接可靠、受力均匀、不允许有自动松脱现象。

A. 牙嵌离合器 B. 磨损离合器

C. 凸缘式联轴器 D. 十字沟槽式联轴器

58. 凸缘式联轴器装配时，首先应在轴上装（ ）。

A. 平键 B. 联轴器 C. 齿轮箱 D. 电动机

59. 联轴器只有在机器停车时，用拆卸的方法才能使两轴（ ）。

A. 脱离传动关系 B. 改变速度

C. 改变运动方向 D. 改变两轴相互位置

60. 向心滑动轴承和推力滑动轴承是按轴承（ ）不同划分的。

A. 结构形式 B. 承受载荷方向

C. 润滑状态 D. 获得液体摩擦方法

61. 整体式滑动轴承，当轴套与座孔配合过盈量较大时，宜采用（ ）压入。

A. 套筒 B. 敲击 C. 压力机 D. 温差

62. 液体静压轴承用液压泵把（ ）送到轴承间隙、强制形成油膜。

A. 低压油 B. 中压油 C. 高压油 D. 超高压油

63. 轴承合金不能（ ）做轴瓦，通常将它们浇注到青铜、铸铁、钢材等基体上使用。

A. 用于 B. 单独 C. 直接 D. 间接

64. 内燃机按基本原理分类，有往复活塞式内燃机、旋转活塞式内燃机和（　　）等。

A. 沼气机　　B. 涡轮式内燃机

C. 汽油机　　D. 煤油机

65. 四缸柴油机，各缸做功的间隔角度为（　　）。

A. 45°　　B. 180°　　C. 30°　　D. 120°

66.（　　）是柴油机的主要运动件。

A. 气缸　　B. 喷油器　　C. 曲轴　　D. 节温器

67. 按工作过程的需要，（　　）向气缸内喷入一定数量的燃料，并使其良好雾化，与空气形成均匀可燃气体的装置称为供给系统。

A. 不定时　　B. 随意　　C. 每经过一次　　D. 定时

68. 设备修理，拆卸时一般应（　　）。

A. 先拆内部、上部　　B. 先拆外部、下部

C. 先拆外部、上部　　D. 先拆内部、下部

69. 拆卸形状简单的静止配合件时，可用（　　）。

A. 拉拔法　　B. 顶压法　　C. 温差法　　D. 破坏法

70. 由于油质灰砂或润滑油不清洁造成的机件磨损称（　　）磨损。

A. 氧化　　B. 振动　　C. 砂粒　　D. 摩擦

71. 螺旋传动机械是将螺旋运动变换为（　　）。

A. 两轴速垂直运动　　B. 直线运动

C. 螺旋运动　　D. 曲线运动

72. 丝杠传动机构只有一个螺母时，使螺母和丝杠始终保持（　　）。

A. 双向接触　　B. 单向接触

C. 单向或双向接触　　D. 三向接触

73. 用检验棒校正（　　）副同轴度时，为消除检验棒在各支承孔中的安装误差，可将检验棒转过后再测量一次，取其平均值。

A. 光丝180°　　B. 主轴　　C. 丝杠　　D. 从动轴

74. 操作（　　）时不能戴手套。

A. 钻床　　B. 车床　　C. 铣床　　D. 机床

75.（　　）装卸钻头时，按照操作规程必须用钥匙。

A. 电磨头　　B. 电剪刀　　C. 手电钻　　D. 钻床

76. 锯削（　　）应稍抬起。

A. 回程时　　B. 推锯时　　C. 硬材料　　D. 软材料

77. 钻床变速前应（　　）。

A. 停车　　B. 取下钻头　　C. 取下工件　　D. 断电

78. 接触器是一种（　　）的电磁式开关。

A. 间接　　B. 直接　　C. 非自动　　D. 自动

79. 利用起动设备将电压适当降低后加到电动机定子绕组上进行起动，待起动完毕后，再使电压恢复到额定值，称为（　　）。

A. 降压起动　　B. 升压起动　　C. 全压起动　　D. 常压起动

80. (　　) 是一般零件的加工工艺线路。

A. 粗加工　　B. 精加工

C. 粗加工—精加工　　D. 精加工—粗加工

二、判断题（第 81 题 ~ 第 100 题。将判断结果填入括号中。正确的填“√”，错误的填“×”。每题 1 分，满分 20 分。）

81. 千分尺当作卡规使用时，要用锁紧装置把测微螺杆锁住。(　　)

82. 将能量由原动机转换到工作机的一套装置称为传动装置。(　　)

83. 刀具耐热性是指金属切削过程中产生剧烈摩擦的性能。(　　)

84. 用适当分布的六个定位支承点，限制工件的六个自由度使工件在夹具中的位置完全确定即为六点原则。(　　)

85. 合适的定位元件对于保证加工精度、提高劳动生产率、降低加工成本起着很大作用。(　　)

86. T12 可选作渗碳零件用钢。(　　)

87. 退火的目的是降低钢的硬度、提高塑性、以利于切削加工及冷变形加工。(　　)

88. 麻花钻主切削刃上各点的前角大小相等切削条件好。(　　)

89. 矫直轴类零件时，一般架在 V 形块上使凸起部向上，并用螺杆压力机校直。(　　)

90. 装配就是将零件结合成部件，再将部件结合成机器的过程。(　　)

91. 分度头主要由壳体、壳体中的鼓形回转体、主轴分度机构和分度盘等组成。(　　)

92. 立式钻床的主要部件包括主轴变速箱、进给变速箱、主轴和进给手柄。(　　)

93. 控制扭角法是用测力扳手使预紧力达到给定值的方法。(　　)

94. 销连接在机械中除起到连接作用外，还起定位作用和保险作用。(　　)

95. 在带传中，不产生打滑的带是平带。(　　)

96. 带在带轮上的包角不能太大，V 带包角不能大于 120°才保证不打滑。(　　)

97. 链传动中，链的下垂度以 0.2L 为宜。(　　)

98. 静压轴承的润滑状态和油膜压力与轴颈转速的关系很小，即使轴颈不旋转也可以形成油膜。(　　)

99. 操作钻床时，不能戴手套。(　　)

100. 锯削回程时应稍抬起。(　　)

统测模拟试卷 2

班级__________ 学号__________ 姓名__________ 成绩__________

一、选择题（第 1 题 ~ 第 80 题。选择一个正确的答案，将相应的字母填入题内的括号中。每题 1 分，满分 80 分。）

1. 下列不属于卧式车床静态检查项目的是（　　）。
   A. 用手转动各传动件，应运转灵活
   B. 在所有的转速下，车床的各工作机构应运转正常
   C. 床鞍、刀架等在行程范围内移动时，应均匀、平稳
   D. 安全离合器应灵活、可靠
2. 活塞式压缩机膨胀和（　　）在一个行程中完成。
   A. 吸气　　B. 压缩　　C. 排气　　D. 无法确定
3. （　　）表示轴承的基本类型、结构和尺寸，是轴承代号的基础。
   A. 前置代号　　B. 后置代号　　C. 内径代号　　D. 基本代号
4. 卧式车床主轴装配时，主轴的径向圆跳动不超过（　　）。
   A. 0.1mm　　B. 0.05mm　　C. 0.01mm　　D. 0.001mm
5. 下列选项中，不符合安全用电措施的是（　　）。
   A. 相线必须进开关　　B. 电器设备要有绝缘电阻
   C. 移动电器不须接地保护　　D. 采用各种保护措施
6. 几何公差分为形状公差和（　　）。
   A. 定向公差　　B. 位置公差　　C. 定位公差　　D. 跳动公差
7. 对于大而薄的齿轮，可采用（　　）的办法来避免振动。
   A. 不改变轮毂厚度而加大齿厚　　B. 减小轮毂厚度而加大齿厚
   C. 加大轮毂厚度并加大齿厚　　D. 加大轮毂厚度而不加大齿厚
8. 装配尺寸链中，封闭环基本尺寸的计算公式为（　　）。
   A. 封闭环的公称尺寸 = 所有增环公称尺寸之和 − 所有减环公称尺寸之和
   B. 封闭环的公称尺寸 = 所有增环公称尺寸之和 + 所有减环公称尺寸之和
   C. 封闭环的公称尺寸 = 所有减环公称尺寸之和 − 所有增环公称尺寸之和
   D. 封闭环的公称尺寸 = 所有减环公称尺寸之和 + 所有增环公称尺寸之和
9. 合像水平仪水准器内气泡两端圆弧，通过棱镜反射到目镜，形成（　　）。
   A. 上下两半合像　　B. 左右两半合像
   C. 上下两半分离像　　D. 左右两半分离像
10. 关于表面粗糙度对零件使用性能的影响，下列说法中错误的是（　　）。
    A. 零件表面越粗糙，则表面上凹痕就越深
    B. 零件表面越粗糙，则产生应力集中现象就越严重
    C. 零件表面越粗糙，在交变载荷的作用下，其疲劳强度会提高
    D. 零件表面越粗糙，越有可能因应力集中而产生疲劳断裂

11. 螺纹连接修理时，遇到难以拆卸的锈蚀螺纹，可以用（　　）浸润，再用工具拧紧螺母或螺钉就容易拆卸。

A. 煤油　　B. 机油　　C. 柴油　　D. 润滑油

12. 刮削单块平板时直至被刮平板工作面任何部位在每（　　）范围内的研点数达到规定数值，即表示被刮平板达到了要求的精度。

A. 15mm×15mm　　B. 20mm×20mm　　C. 25mm×25mm　　D. 30mm×30mm

13. （　　）除具有抗热、抗湿及优良的润滑性能外，还能对金属表面起良好的保护作用。

A. 钠基润滑脂　　B. 锂基润滑脂

C. 铝基及复合铝基润滑脂　　D. 钙基润滑脂

14. 内燃机上的凸轮轴选用的材质是（　　）。

A. 合金工具钢　　B. 合金调质钢　　C. 合金结构钢　　D. 合金渗碳钢

15. 导轨几何精度包括导轨的（　　），以及导轨之间的平行度和垂直度。

A. 平面度　　B. 表面轮廓度　　C. 表面粗糙度　　D. 直线度

16. 卧式测长仪固定分划尺的刻度值为（　　）。

A. 0.1mm　　B. 0.5 mm　　C. 1 mm　　D. 2 mm

17. V 带传动机构中 V 带的张紧力的调整方法有（　　）和用张紧轮来调整两种。

A. 增大带轮直径　　B. 减小带轮直径

C. 改变带轮中心距　　D. 改变 V 带尺寸

18. 渗碳 + 淬火 +（　　）是合金渗碳钢的热处理特点。

A. 中温回火　　B. 低温回火　　C. 高温回火　　D. 渗氮

19. 链传动机构装配时，链轮的两轴线必须（　　）。

A. 平行　　B. 共面　　C. 同轴　　D. 重合

20. 量块的公差等级是（　　）。

A. IT8 ~ IT10　　B. IT01 ~ IT1　　C. IT15 ~ IT18　　D. IT5 ~ IT8

21. 标准群钻在标准麻花钻上磨出（　　），形成凹形圆弧刃，降低钻尖高度。

A. 第二顶角　　B. 单边分屑槽　　C. 横刃　　D. 月牙槽

22. 如果零件表面不能自然、平整地展开、摊平在一个平面上，这种表面称为（　　）。

A. 可展表面　　B. 不可展表面　　C. 可放样表面　　D. 不可放样表面

23. HT200 中的“200”表示（　　）。

A. 碳的质量分数为 0.2%　　B. 碳的质量分数为 2%

C. 最低屈服强度　　D. 最低抗拉强度

24. 用双螺母锁紧属于（　　）。

A. 用机械方法防松　　B. 用附加摩擦力防松

C. 粘结法防松　　D. 点铆法防松

25. 车床精度检验时，丝杠的轴向窜动，当 $D_a \leqslant 800$ mm 时公差值为（　　）。

A. 0.015mm　　B. 0.02mm　　C. 0.025mm　　D. 0.03mm

26. （　　）是表面粗糙度的评定参数中与间距特性相关的参数。

A. *Rsm*　　B. *Ra*　　C. *Rz*　　D. *Rmr*

27. 可锻铸铁的牌号一般由（　　）组成。
A. 一个字母和两组数字　　B. 两个字母和两组数字
C. 三个字母和两组数字　　D. 四个字母和两组数字
28. 錾削时的切削角度，应使后角在（　　）之间，以防錾子扎入或滑出工件。
A. 10°～15°　　B. 12°～18°　　C. 15°～30°　　D. 5°～8°
29. 圆锥销装配时，用试装法测定孔径大小，以销子能自由插入销子长度的（　　）左右为宜。
A. 60%　　B. 70%　　C. 80%　　D. 90%
30. 深孔加工出现的问题，说法不正确的是（　　）。
A. 冷却困难　　B. 钻头刚度减弱　　C. 偏斜困难　　D. 导向性能好
31. 高温回火主要适用于（　　）。
A. 各种刃具　　B. 各种弹簧　　C. 各种轴　　D. 各种量具
32. 利用分度头可以在工件上划出圆的（　　）。
A. 水平线　　B. 垂直线　　C. 倾斜线　　D. 等分线
33. （　　）用于制造形状复杂、载荷较大的成形刀具。
A. 铸铁　　B. 中碳钢　　C. 铝合金　　D. 高速钢
34. 在装配尺寸链中，封闭环所表示的是（　　）。
A. 零件的加工精度　　B. 零件尺寸大小
C. 装配精度　　D. 尺寸链长短
35. （　　）为特殊黄铜。
A. H90　　B. H68　　C. HSn90－1　　D. ZCuZn38
36. 在一个工步内，若分几次切削金属层，则每进行一次切削即一次（　　）。
A. 工序　　B. 工步　　C. 走刀　　D. 安装
37. （　　）是通过调整某一零件的位置或尺寸以达到装配精度的。
A. 完全互换法　　B. 选配法　　C. 修配法　　D. 调整法
38. 按塑料的性能不同可分为热塑性塑料和（　　）。
A. 冷塑性塑料　　B. 冷固性塑料
C. 热固性塑料　　D. 热柔性塑料
39. 在不锈钢工件上攻螺纹时，丝锥折断在孔内，应（　　）。
A. 用硝酸腐蚀　　B. 直接用钳子拧出
C. 用錾子錾出　　D. 用电火花蚀除
40. 圆柱齿轮传动适用于两（　　）轴间的传动。
A. 相交　　B. 平行　　C. 空间交叉　　D. 结构紧凑
41. 活塞式压缩机装配时，（　　）为曲轴、连杆、活塞的装配顺序。
A. 曲轴→连杆→活塞　　B. 曲轴→活塞→连杆
C. 活塞→曲轴→连杆　　D. 活塞→连杆→曲轴
42. （　　）是不属于切削液作用的。
A. 冷却　　B. 润滑　　C. 提高切削速度　　D. 清洗
43. 带传动由带轮和带组成，利用带作为中间挠性件，依靠带与带轮之间的（　　）或啮合来传递运动和动力。

A. 结合　B. 摩擦力　C. 压力　D. 相互作用

44. 下列选项中，(　　) 属于错误触电救护措施。

A. 打强心针　B. 人工呼吸和胸外挤压

C. 人工呼吸　D. 迅速切断电源

45. (　　) 不存在。

A. 公法线千分尺　B. 千分尺　C. 内径千分尺　D. 轴承千分尺

46. 锪孔时，进给量为钻孔的 2 ~3 倍，切削速度与钻孔时比应 (　　)。

A. 减小　B. 增大　C. 减小或增大　D. 不变

47. 刃磨錾子时，加在錾子上的压力不宜过大，左右移动平稳、均匀，并且刃口经常 (　　) 冷却，以防退火。

A. 蘸植物油　B. 蘸动物油　C. 蘸水　D. 空冷

48. (　　) 的截面为梯形，两侧面为工作面。

A. V 带　B. 平带　C. 圆带　D. 同步带

49. 下列离合器中，(　　) 靠接触面的摩擦力传递转矩。

A. 牙嵌式离合器　B. 操纵离合器　C. 离心离合器　D. 摩擦式离合器

50. 松键连接装配时，在配合面上加 (　　) 用铜棒或台虎钳将键压装在轴槽中，并与槽底接触良好。

A. 润滑脂　B. 全损耗系统用油

C. 固体润滑剂　D. 二硫化钼

51. 下列选项中，不属于带传动特点的是 (　　)。

A. 结构简单，使用、维护方便

B. 带的使用寿命较长

C. 带传动的效率较低

D. 不适用于油污、高温、易燃和易爆的场合

52. 公差等级最低的是 (　　)。

A. IT01　B. IT0　C. IT1　D. IT18

53. 滑动轴承的结构形式有 (　　) 种。

A. 两　B. 三　C. 四　D. 五

54. (　　) 用于起重机械中提升重物。

A. 起重链　B. 牵引链　C. 传动链　D. 动力链

55. (　　) 是由链条和具有特殊齿形的链轮组成的传递运动和动力的传动。

A. 齿轮传动　B. 链传动　C. 螺旋传动　D. 带传动

56. 离心泵工作前，应预先灌满液体的原因是 (　　)。

A. 增大向心力　B. 增大离心力

C. 增大液体能量　D. 把泵内空气排除

57. 电流对人体的伤害程度与 (　　) 无关。

A. 通过人体电流的大小　B. 通过人体电流的时间

C. 触电电源的电位　D. 触电者身体健康状况

58. 不属于机械生产过程的是（　　）。
A. 签订合同　B. 技术准备　C. 测试检验　D. 涂装

59. 铰杠分为（　　）。
A. 万能铰杠　B. 一字铰杠和T形铰杠
C. 十字铰杠和T形铰杠　D. 普通铰杠和T形铰杠

60. （　　）用于链式输送机中移动重物。
A. 起重链　B. 牵引链　C. 传动链　D. 动力链

61. （　　）是违反爱护工、卡、刀、量具的做法。
A. 按照规定维护工、卡、刀、量具　B. 工、卡、刀、量具要放在工作台上
C. 正确使用工、卡、刀、量具　D. 工、卡、刀、量具要放在指定地点

62. 螺旋传动主要由螺杆、（　　）和机架组成。
A. 螺栓　B. 螺钉　C. 螺柱　D. 螺母

63. 花键连接配合的定心方式有外径定心、内径定心和键侧定心三种，一般采用（　　）。
A. 外径定心　B. 内径定心　C. 键侧定心　D. 键中定心

64. 钻相交孔时，须保证它们的（　　）正确性。
A. 孔径　B. 交角　C. 表面粗糙度　D. 孔径和交角

65. 在工件表面铣出或锪出一个平面再钻孔的加工方法适合加工（　　）。
A. 精密孔　B. 小孔　C. 相交孔　D. 斜孔

66. 高速钢的特点有高硬度、高耐热性、高（　　）、热处理变形小等。
A. 强度　B. 塑性　C. 热硬性　D. 韧性

67. 液压系统中电磁铁损坏或力量不足会引起（　　）。
A. 压力波动　B. 溢流阀振动　C. 调整无效　D. 换向阀不换向

68. 用框式水平仪测量时，若被测长度1m，水平仪的分度值为0.02mm/1000mm，读出的格数是1格，则被测长度上的高度为（　　）。
A. 0.01mm　B. 0.02mm　C. 0.04mm　D. 0.06mm

69. 钻削精度高、多孔时要制作一批带孔校正圆柱，其数量不少于需加工孔数，外径大小一致，孔径比已经加工好的螺纹大径大（　　）左右。
A. 0.2mm　B. 0.5mm　C. 1mm　D. 1.5mm

70. （　　）用于加工工件内表面。
A. 内孔车刀　B. 外圆车刀　C. 端面车刀　D. 切断车刀

71. 光学测齿卡尺的刻度值为（　　）。
A. 0.01mm　B. 0.02mm　C. 0.05mm　D. 0.1mm

72. 键产生变形或剪断，在条件允许情况下，一般不采用（　　）的方法修理。
A. 加宽键和键槽宽度　B. 增加键的长度
C. 增加一个键　D. 更换新键

73. 下列选项中，属于机用虎钳规格的有（　　）。
A. 200mm　B. 55mm　C. 90mm　D. 60mm

74. 特殊性能钢有（　　）、耐热钢和耐磨钢。
A. 高速钢　B. 不锈耐酸钢　C. 刃具钢　D. 合金弹簧钢

75. 链传动中，发现链轮、链条磨损严重时应采用（　　）的方法修理。

A. 去掉个别链节　B. 修复个别链节　C. 更换新链轮　D. 更换个别链节

76. 划线时，应从（　　）开始。

A. 设计基准　B. 测量基准　C. 找正基准　D. 划线基准

77. 游标万能角度尺在（　　）范围内测量角度时，应装上角尺。

A. 0°~50°　B. 50°~140°　C. 140°~230°　D. 230°~320°

78. 圆方过渡管接头展开时，要三等分俯视图的（　　）圆周。

A. 1/2　B. 1/3　C. 1/4　D. 1/5

79. 剖分式滑动轴承装配时，上、下轴瓦与轴承座、盖应接触良好，同时轴瓦的台肩应靠紧轴承座（　　）。

A. 左端面　B. 右端面　C. 两端面　D. 底面

80. 下列齿轮传动中，用于相交轴传动的有（　　）。

A. 相交轴斜齿轮　B. 交错轴斜齿轮　C. 弧齿锥齿轮　D. 准双曲面齿轮

二、判断题（第81题~第100题。将判断结果填入括号中。正确的填“√”，错误的填“×”。每题1分，满分20分。）

81. 常用固体润滑剂不可以在高温高压下使用。（　　）

82. 销连接磨损严重时，一般采用重新钻、铰尺寸较大的销孔，更换相应新销的方法。（　　）

83. 机床按工作精度分为手动机床、机动机床、半自动机床和自动机床等。（　　）

84. 对于定位公差，公差带位置与被测要素的实际状况有关。（　　）

85. 机器轴与套以及组合轧辊常温下粘结组合，可选用金属修补剂、结构胶。（　　）

86. 展开平口正圆锥管时，应按已知尺寸画出主视图和俯视图。（　　）

87. 碳素钢按钢的质量分为三类。（　　）

88. 正弦规的工作面上有许多孔，可夹持工件进行测量和加工。（　　）

89. 抗拉强度最高的球墨铸铁其伸长率也最大。（　　）

90. 车刀有外圆车刀、端面车刀、切断车刀、内孔车刀、成形车刀等几种。（　　）

91. 划车床尾座体第一划线位置的线时，尾座体轴孔是最重要的孔，首先应确定尾座体轴孔中心。（　　）

92. 圆带传动常用于低速、重载的场合。（　　）

93. 职业道德是社会道德在职业行为和职业关系中的具体表现。（　　）

94. 车床空运转试验检查主轴转速应从最高转速一次降低到最低转速。（　　）

95. 组合体的组合形式有综合型和切割型两种。（　　）

96. 常用刀具材料的种类有碳素工具钢、合金工具钢、高速钢、硬质合金钢。（　　）

97. 硬质合金的特点有耐热性好、切削效率低。（　　）

98. 若要从83块一套的量块中，选取量块组成62.315mm的尺寸，其第三块尺寸应为60mm。（　　）

99. 生产中可自行制订工艺流程和操作规程。（　　）

100. 嵌接也称槽接、镶接，可以看成搭接和平接的组合形式。（　　）

统测模拟试卷 3

班级__________ 学号__________ 姓名__________ 成绩__________

一、选择题（第 1 题 ~ 第 80 题。选择一个正确的答案，将相应的字母填入题内的括号中。每题 1 分，满分 80 分。）

1. 刮削一组导轨时，先刮（　　），刮削时必须进行精度检验。

A. 基准导轨　　B. 滑动导轨　　C. 滚动导轨　　D. 三角形导轨

2. 用同一工具，不改变工作方法，并在固定的位置上连续完成的装配工作，称为（　　）。

A. 装配工序　　B. 装配工步　　C. 装配方法　　D. 装配顺序

3. 机床精度检验时，当 $D_a \leqslant 800$mm 时，检验主轴锥孔轴线的（　　）（靠近主轴前端）公差值为 0.01mm。

A. 轴向窜动　　B. 径向圆跳动　　C. 轴向圆跳动　　D. 圆跳动

4. 机床精度检验时，由丝杠所产生的螺距累积误差，当 $D_a \leqslant 2000$mm 时在任意 300mm 测量长度内公差值为（　　）。

A. 0.03mm　　B. 0.04mm　　C. 0.05mm　　D. 0.06mm

5. 机床空运转时，用振动计测量振动最大部件的振幅，车床应不超过的数值是（　　）μm。

A. 3　　B. 7　　C. 5　　D. 10

6. 游标万能角度尺是用来测量工件（　　）的量具。

A. 内、外角度　　B. 内角度　　C. 外角度　　D. 弧度

7. 机床精度检验时，当 $D_a \leqslant 800$mm 时，导轨在竖直平面内的直线度（$D_c > 1000$mm、局部公差、在任意 500mm 测量长度上）公差值为（　　）。

A. 0.01mm　　B. 0.015mm　　C. 0.02mm　　D. 0.025mm

8. 圆柱齿轮啮合时，在剖视图中，当剖切平面通过两啮合齿轮轴线时，在啮合区内，将一个齿轮的轮齿和另一个齿轮的轮齿被遮挡的部分分别用（　　）来绘制，被遮挡的部分也可以省略不画。

A. 细实线和细实线　　B. 粗实线和点画线

C. 细实线和细虚线　　D. 粗实线和虚线

9. 活塞式压缩机压缩和（　　）在一个行程中完成。

A. 膨胀　　B. 排气　　C. 吸气　　D. 无法确定

10.（　　）是经常使用的调整件。

A. 垫圈、螺母、键　　B. 垫片、销

C. 轴套、垫片、垫圈　　D. 轴套、螺母

11. 工作台部件移动在水平面内直线度的检验方法，一般用（　　）或光学平直仪检查。

A. 平尺　　B. 水平仪

C. 百分表　　D. 平尺和百分表

12. （　　）是装配精度完全依赖于零件制造精度的装配方法。

A. 完全互换法　B. 选配法　C. 修配法　D. 调整法

13. 已知正四棱锥筒的上、下底边长分别为 a、b，高为 h，则其展开等腰梯形的高为（　　）。

A. h

B. $\sqrt{h^2+(b-a)^2/4}$

C. $\sqrt{h^2+(b-a)^2/2}$

D. $(b-a)/2$

14. 主轴回转轴线对工作台移动方向平行度的检验，一般用（　　）测量。

A. 经纬仪　B. 百分表　C. 平直仪　D. 水平仪

15. 深缝锯削时，当锯缝的深度超过锯弓的高度应将锯条（　　）。

A. 从开始连续锯到结束　B. 转过90°重新装夹

C. 装得松一些　D. 装得紧一些

16. 机床精度检验时，当 $D_a \leqslant 800$mm 时，导轨在竖直平面内的（　　）（$500\text{mm} < D_c \leqslant 1000\text{mm}$）公差值为0.02mm（凸）。

A. 平面度　B. 直线度　C. 垂直度　D. 平行度

17. 使用正弦规时正确的是（　　）。

A. 工件放在精密测量平板上　B. 正弦规应放置在地上

C. 正弦规应放置在平板上　D. 正弦规应放置在精密测量平板上

18. 旋转体在径向位置上有偏重的现象称为（　　）。

A. 静不平衡　B. 动不平衡

C. 不平衡　D. 静不平衡或动不平衡

19. 麻花钻的导向部分有两条螺旋槽，作用是形成切削刃和（　　）。

A. 排除气体　B. 排除切屑　C. 排除热量　D. 减轻自重

20. （　　）为基轴制配合中轴的基本偏差代号。

A. A　B. h　C. zc　D. f

21. 下面不属于轴组零件的是（　　）。

A. 齿轮　B、V形铁　C. 蜗轮　D. 带轮

22. 制订装配工艺卡片时，（　　）需一序一卡。

A. 单件生产　B. 小批生产

C. 单件或小批生产　D. 大批量

23. 台式钻床是一种小型钻床，一般安装在工作台上，用来钻直径（　　）以下的孔。

A. 10mm　B. 8mm　C. 12mm　D. 18mm

24. 使用万用表不正确的是（　　）。

A. 测电流时，仪表和电路并联

B. 测电压时，仪表和电路并联

C. 使用前要调零

D. 测直流时注意正、负极性

25. 对于尺寸基准，下列说法错误的是（　　）。

A. 有时同一方向需要几个尺寸基准　B. 一个方向最少有一个主要基准

C. 一个方向最少有一个辅助基准　D. 长、宽、高三个方向必须都有基准

26. 未注公差尺寸应用范围是（　　）。

A. 长度尺寸　B. 工序尺寸

C. 用于组装后经过加工所形成的尺寸　D. 以上都适用

27. 立式钻床上保险离合器钢球损坏时，可更换钢珠或（　　）。

A. 整个接合子　B. 保险离合器　C. 保险　D. 调节弹簧作用力

28. （　　）就是要求把自己职业范围内的工作做好。

A. 爱岗敬业　B. 奉献社会　C. 办事公道　D. 忠于职守

29. 同轴承配合的轴旋转时带着油一起转动，油进入楔缝使油压升高，当轴达一定转速时，轴在轴承中浮起，直至轴与轴承完全被油膜分开，形成（　　）。

A. 静压滑动轴承　B. 动压滑动轴承

C. 整体式滑动轴承　D. 剖分式滑动轴承

30. 机床精度检验时，当 $D_a \leq 800$mm 时，尾座套筒轴线对床鞍移动的平行度（在竖直平面内、100mm 测量长度上）公差值为（　　）（只许向上偏）。

A. 0. 01mm　B. 0. 015mm　C. 0. 02mm　D. 0. 025mm

31. 工企对环境污染的防治不包括（　　）。

A. 防治大气污染　B. 防治绿化污染

C. 防治固体废弃物污染　D. 防治噪声污染

32. 带传动由带轮和（　　）组成。

A. 带　B. 链条　C. 齿轮　D. 从动轮

33. 工作台部件移动在垂直面内直线度的检验方法，一般用（　　）检查。

A. 平尺或光学平直仪　B. 水平仪

C. 光学平直仪和百分表　D. 工具显微镜

34. 在主轴承达到稳定条件下，主轴滑动轴承温度不超过（　　）。

A. 100℃　B. 60℃　C. 50℃　D. 90℃

35. 轴瓦孔配刮时，用（　　）来显点。

A. 与轴瓦配合的轴　B. 专用的检验棒

C. 检验塞规　D. 轴瓦

36. 整体式滑动轴承（　　）。

A. 结构复杂、制造困难　B. 结构特殊、制造困难

C. 结构特殊、容易制造　D. 结构简单、容易制造

37. 主轴在进给箱内上下移动时出现轻重现象时的排除方法之一是（　　）。

A. 更换主轴　B. 更换花键轴

C. 修整主轴套的齿条与其相啮合的齿轮　D. 更换进给箱

38. 对刀开关叙述不正确的是（　　）。

A. 用于大容量电动机控制线路中　B. 不宜分断负载电流

C. 结构简单、操作方便、价格便宜　D. 一种简单的手动控制电器

39. 在螺纹标注中，如果是左旋螺纹，应（　　）注明旋向。

A. 省略　　B. 用 RH　　C. 用 LH　　D. 用 L

40. 按用途不同螺旋传动可分为传动螺旋、（　　）和调整螺旋三种类型。

A. 运动螺旋　　B. 传力螺旋　　C. 滚动螺旋　　D. 滑动螺旋

41. 双列短圆柱滚子轴承可保证主轴有较高的回转精度和刚度是由于（　　）。

A. 它的刚度和承载能力大

B. 它的旋转精度高

C. 它可通过相对主轴轴颈的轴向移动来调整轴承间隙

D. 以上全包括

42. 划线基准一般可用以下三种类型：以两个相互垂直的平面（或线）为基准；以一个平面和一条中心线为基准；以（　　）为基准。

A. 一条中心线　　B. 两条中心线

C. 一条或两条中心线　　D. 三条中心线

43. 不符合接触器特点的是（　　）。

A. 控制容量大　　B. 操作频率高

C. 使用寿命长　　D. 具有过载保护功能

44. 在其他组成环不变的条件下，当某组成环增大时，封闭环随其增大，那么该组成环为（　　）。

A. 封闭环　　B. 减环　　C. 增环　　D. 无法确定

45. 用精度为 0.02mm/1000mm 的水平仪检验车床导轨，设四个水平仪读数为 +1 格、0.8 格、0.5 格、-0.6 格则导轨全长上的平行度误差是（　　）。

A. 0.032mm/1000mm　　B. 0.016mm/1000mm

C. 0.024mm/1000mm　　D. 以上都不对

46. 千分尺微分筒转动一周，测微螺杆移动（　　）。

A. 0.1mm　　B. 0.01mm　　C. 1mm　　D. 0.5mm

47. 遵守法律、法规不要求（　　）。

A. 遵守国家法律和政策　　B. 遵守劳动纪律

C. 遵守安全操作规程　　D. 延长劳动时间

48. 主轴组件要从箱体（　　）穿入才能装上。

A. 前轴承孔　　B. 后轴承孔

C. 中间轴承孔　　D. 后轴承孔和中间轴承孔

49. 在尺寸符号 ϕ50mmF8mm 中，用于计算上极限偏差大小的符号是（　　）。

A. 50mm　　B. F8mm　　C. F　　D. 8mm

50. 切削时切削刃会受到很大的压力和冲击力，因此刀具必须具备足够的（　　）。

A. 硬度　　B. 强度和韧性　　C. 工艺性　　D. 耐磨性

51. 机床精度检验时，当（　　）时，顶尖的跳动公差值为 0.02 mm。

A. 500mm < D_a ≤125mm　　B. 600mm < D_a ≤125mm

C. 700mm < D_a ≤125mm　　D. 800mm < D_a ≤125mm

52. 选用装配用设备及工艺装备应根据（　　）。

A. 产品加工方法　B. 产品生产类型　C. 产品制造方法　D. 产品用途

53. 主轴在进给箱内上下移动时出现轻重现象的原因之一是（　　）。

A. 主轴太脏　　B. 主轴弯曲

C. 主轴花键部分弯曲　　D. 主轴和花键弯曲

54. 机床精度检验时，当 $D_a \leq 800$mm 时，尾座移动对床鞍移动的平行度（$D_c \leq$ 1500mm、局部公差、在任意 500mm 测量长度上）公差值为（　　）。

A. 0.01mm　B. 0.02mm　C. 0.03mm　D. 0.04mm

55. 钻孔一般属于（　　）。

A. 精加工　　B. 半精加工

C. 粗加工　　D. 半精加工和精加工

56. （　　）主要性能有不易溶于水、熔点低、耐热能力差。

A. 钠基润滑脂　B. 钙基润滑脂　C. 锂基润滑脂　D. 石墨润滑脂

57. 机床精度检验时，当 $D_a \leq 800$mm 时，检验主轴轴线对床鞍移动的平行度（在竖直平面内、300mm 测量长度上）公差值为 0.02mm（　　）。

A. 只许向上偏　B. 只许向下偏　C. 只许向前偏　D. 只许向后偏

58. 本身是（　　），用来连接需要装在一起的零件或部件称基准部件。

A. 基准零件　B. 一个部件　C. 一个零件　D. 基准部件

59. 关于表面粗糙度对零件使用性能的影响，下列说法中错误的是（　　）。

A. 零件表面越粗糙，表面间的实际接触面积就越小

B. 零件表面越粗糙，单位面积受力就越大

C. 零件表面越粗糙，峰顶处的塑性变形会减小

D. 零件表面粗糙，会降低接触刚度

60. 由尺寸链任一环的基面出发，绕其轮廓一周，以相反的方向回到这一基面，所指方向与封闭环相同的环为（　　）。

A. 增环　B. 减环　C. 封闭环　D. 无法确定

61. 确定装配的检查方法，应根据产品结构特点和（　　）来选择。

A. 生产过程　B. 生产类型　C. 工艺条件　D. 工序要求

62. 第一划线位置应选择（　　）表面和非加工表面多且重要的位置，并使工件上主要中心线平行于平板平面。

A. 加工　　B. 已加工

C. 待加工　　D. 已加工、待加工

63. 经纬仪是一种精密的测（　　）量仪，它有竖轴和横轴，可使瞄准镜管在水平方向做 360°的转动，也可在竖直面内做大角度俯仰。

A. 角　B. 长　C. 表面粗糙度　D. 直线度

64. 麻花钻顶角大小可根据加工条件由钻头刃磨决定，标准麻花钻顶角为 118°±2°，且两主切削刃呈（　　）形。

A. 凸　B. 凹　C. 圆弧　D. 直线

65. 一张完整的装配图应包括（ ）。

A. 一组图形、必要的尺寸、技术要求、零件序号和明细栏、标题栏

B. 一组图形、全部的尺寸、技术要求、零件序号和明细栏、标题栏

C. 一组图形、必要的尺寸、技术要求和明细栏

D. 一组图形、全部的尺寸、技术要求和明细栏

66. 普通螺纹和（ ）是应用较多的螺纹。

A. 矩形螺纹 B. 梯形螺纹 C. 锯齿形螺纹 D. 管螺纹

67. 压缩制冷系统主要由（ ）、蒸发器、冷凝器、膨胀阀组成。

A. 压缩机 B. 电动机 C. 内燃机 D. 发电机

68. CA6140 车床停车手柄处于停车位置、主轴仍有转动现象的故障排除方法：调松离合器或调（ ）制动器。

A. 松 B. 紧 C. 开 D. 关闭

69. 每个尺寸链至少有（ ）个封闭环。

A. 一 B. 两 C. 三 D. 四

70. 不属于电伤的是（ ）。

A. 与带电体接触的皮肤红肿 B. 电流通过人体内的击伤

C. 熔丝烧伤 D. 电弧灼伤

71. 装配前，按公差范围将零件分成若干组，然后把尺寸相当的零件进行装配，以达到要求的装配精度，这种装配法称为（ ）。

A. 完全互换法 B. 选配法 C. 调整法 D. 修配法

72. 主轴部件的精度是指它在装配、调整之后的（ ）。

A. 装配精度 B. 位置精度 C. 回转精度 D. 形状精度

73. 装配内柱外锥式滑动轴承时，要先将轴承外套压入箱体孔中，并保证有（ ）的配合要求。

A. H7/r7 B. H6/r6 C. H7/r6 D. H8/r7

74. 经纬仪和平行光管配合，可用于测量机床工作台的（ ）。

A. 平行度误差 B. 平行度和垂直度误差

C. 垂直度误差 D. 分度误差

75. 移动式装配常用于（ ）。

A. 单件生产 B. 小批生产

C. 单件或小批生产 D. 大批量生产

76. 在丝锥攻入 1 ~2 圈后，应及时从（ ）方向用90°角尺进行检查，并不断校正至要求。

A. 前后 B. 左右

C. 前后、左右 D. 上下、左右

77. （ ）是试验机构或机器运转的灵活性、振动、工作温升、噪声、转速、功率等性能参数是否符合要求。

A. 调整 B. 精度检验 C. 试车 D. 旋转精度检验

78. 工时定额一般根据企业的设备情况、(　　) 来确定。

A. 实际情况　　B. 经济情况

C. 企业标准　　D. 产品装配的难易程度

79. 试车调整时主轴在最高转速的运转时间应该不少于 (　　)。

A. 5min　　B. 10min　　C. 20min　　D. 30min

80. 光学平直仪是一种光学测角仪器，可以测量导轨在 (　　) 的直线度。

A. 垂直面　　B. 水平面

C. 垂直面和水平面　　D. 平面

二、判断题（第 81 题 ~ 第 100 题。将判断结果填入括号中。正确的填“√”，错误的填“×”。每题 1 分，满分 20 分。）

81. 表面粗糙度符号的尖端必须从材料外指向材料表面。(　　)

82. 整洁的工作环境可以振奋职工精神，提高工作效率。(　　)

83. 机床精度检验时，当 $D_a \leqslant 800$mm 时，尾座套筒锥孔轴线对床鞍移动的平行度（在竖直平面内、300mm 测量长度上）公差值为 0.03mm（只许向上偏）。(　　)

84. 产品的结构在很大程度上决定了产品的装配顺序和方法。(　　)

85. 基准符号由粗短横线、细圆圈、连线和基准字母组成。(　　)

86. 零件图要把零件的形状结构正确、完整、清晰地表达出来。(　　)

87. 精密机床主轴油牌号为 N2、N5、N7、N68 四种。(　　)

88. 常用刀具材料的种类有碳素工具钢、合金工具钢、高速钢、硬质合金。(　　)

89. 立式钻床箱盖或轴承盖结合面漏油时，可以涂上一厚层人造树脂溶液。(　　)

90. 表示产品装配单元的划分及其装配顺序的图称为产品装配系统图。(　　)

91. 装配单元是指可以单独进行装配的零件。(　　)

92. 用三点平衡法对砂轮进行静平衡时，如果砂轮按顺时针方向转动，说明其重心在左边的某一位置上。(　　)

93. 机床精度检验时，当 $D_a \leqslant 800$mm 时，小滑板移动对主轴轴线的平行度（在 300mm 测量长度上）公差值为 0.04mm。(　　)

94. 具有高度的责任心要做到：工作勤奋努力、精益求精、尽职尽责。(　　)

95. 无论长径比大或小的旋转零部件，只需进行静平衡即可保证正常工作。(　　)

96. 岗位的质量要求是每个职工必须做到的、最基本的岗位工作职责。(　　)

97. 摇臂钻不如立钻加工方便。(　　)

98. 编写装配工艺文件不需要编写装配工艺过程卡。(　　)

99. 轴类零件加工顺序安排大体如下：准备毛坯—正火—粗车—半精车—磨内圆。(　　)

100. 常用的水平仪有立式水平仪、框式水平仪、光学合像水平仪。(　　)

第三部分

高职考试

阶段性测试1——钳工入门知识

班级__________ 学号__________ 姓名__________ 成绩__________

一、填空题（每空1分，共29分）

1. __________是机械制造中重要的工种之一，在机械生产过程中起着重要的作用。

2. 我国《国家职业标准》将钳工分为__________、__________、__________三类。

3. 量具是用来检测、检验零件及产品__________和__________的工具。

4. 量具按用途和特点分为__________、__________、__________三种类型。

5. 钳工常用的钻床有__________、__________、__________三种，其中常见的是__________。

6. __________是用来夹持工件的通用夹具，有__________和__________两种结构。

7. __________是一种适合于测量中等精度尺寸的量具，可以直接测量出工件的__________、__________、__________、__________和__________等。

8. 量块具有__________、__________、__________等特点。

9. 百分表是一种精度较高的比较量具，它只能测出相对的数值，不能测出绝对数值，主要用于测量__________和__________，也可用于机床上安装工件时的精密找正。

10. 千分尺制造精度分为__________和__________。

二、选择题（每题3分，共30分）

1. 台虎钳是通过（　　）来传动夹紧力的。

A. 固定钳身与活动钳身　　B. 丝杠和螺母
C. 固定钳口和活动钳口　　D. 固定钳身和丝杠

2. 钳工工作台上使用的照明电压不得超过（　　）。

A. 220V　　B. 360V　　C. 36V　　D. 12V

3. 千分尺上测微螺杆右端螺纹的螺距为（　　）。

A. 0.01mm　　B. 0.5mm　　C. 1mm　　D. 0.02mm

4. 砂轮机托架和砂轮之间距离保持在（　　）以内，以防工件扎入、造成事故。

A. 6mm　　B. 10mm　　C. 1mm　　D. 3mm

5. 钻床开动后，操作中允许的是（　　）。

A. 测量工件　　B. 手触钻头　　C. 钻孔　　D. 用棉纱擦钻头

6. 千分尺属于（　　）。

A. 游标量具　　B. 标准量具　　C. 专用量具　　D. 万能量具

7. 操作钻床时不能戴（　　）。

A. 手套　　B. 口罩　　C. 帽子　　D. 眼镜

8. 图3-1所示的数值是（　　）。

A. 6.22mm　　B. 33mm　　C. 33.22mm　　D. 33.24mm

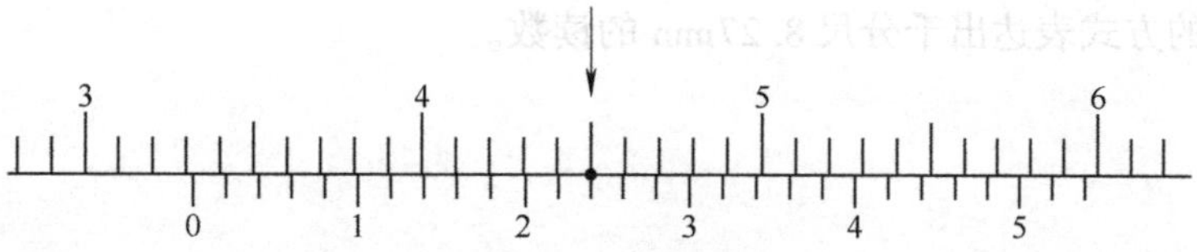

图 3 -1 题 8 图

9. 图 3 -2 所示的数值是（　　）。

A. 4. 19mm　　B. 5. 19mm　　C. 4. 69mm　　D. 4. 68mm

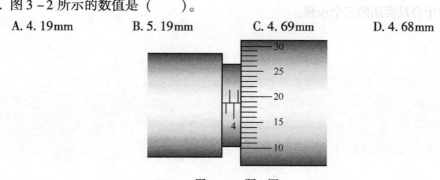

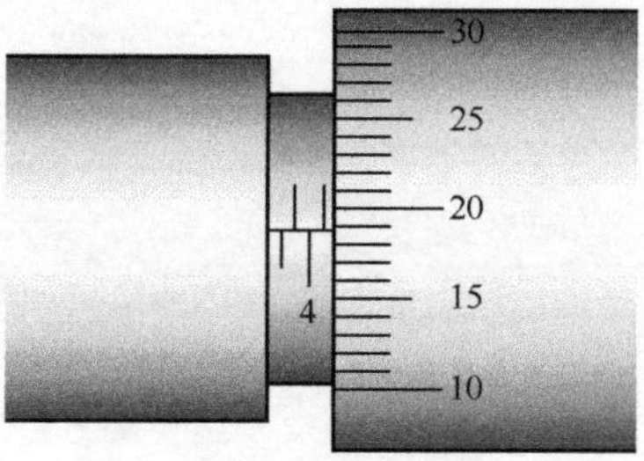

图 3 -2 题 9 图

10. 量具在使用过程中，与工件（　　）放在一起。

A. 能　　B. 有时能　　C. 有时不能　　D. 不能

三、判断题（每题 2 分，共 20 分）

1. 在选择台虎钳时，钳口高度应高于手肘为宜。（　　）
2. 在台钻上钻小孔时，可用手拿工件钻孔，可提高工作效率。（　　）
3. 温度对测量结果影响很大，一般测量可在室温下进行。（　　）
4. 量块可用手直接接触，不会影响测量精度。（　　）
5. 机床照明灯应选 220V 电压。（　　）
6. 使用砂轮刃磨工件时，应待空转正常后，由轻而重，拿稳、拿妥，均匀使力。（　　）
7. 在使用台虎钳时不允许在活动钳口和光滑平面上敲击作业。（　　）
8. 精密量具应实行定期鉴定和保养，发现精密量具不正常时，应及时送交计量室检修，以免其示值误差超差而影响测量结果。（　　）
9. 使用电动工具时，必须握住工具手柄，但可拉着软线拖动工具。（　　）
10. 工具钳工使用的立式钻床，能钻削精度要求不高的孔，但不宜在台钻上锪孔、铰孔、攻螺纹等。（　　）

四、简答题（每题 7 分，共 21 分）

1. 用图形的方式表达出游标卡尺 33. 32mm 的读数。

2. 用图形的方式表达出千分尺 8.27mm 的读数。

3. 写出千分尺读法的三个步骤。

阶段性测试2——工具钳工

班级__________ 学号__________ 姓名__________ 成绩__________

一、填空题（每空1分，共24分）

1. 根据图样或技术文件要求，在毛坯或半成品上用划线工具划出加工界线，或者作为找正、检查依据的辅助线，这种操作称为__________。

2. 划线分为__________和__________两种。

3. 划线基准是指在划线时选择工件上的某个__________、__________、__________作为依据。

4. 錾子的切削部分由__________、__________及它们交线形成的切削刃组成。

5. 锤子的握法有__________和__________两种。

6. 锯弓有__________和__________两种形式。

7. 挥锤子的方法有__________、__________和__________三种。

8. 锉刀按其用途不同可分为__________、__________、__________三种。

9. 研磨时，__________和__________对研磨效率和研磨质量有很大影响。

10. 刮削具有__________、__________、__________、__________等特点，不存在车削、铣削、刨削、磨削等机械加工中的振动和热变形等因素。

二、选择题（每题3分，共33分）

1. 划线平板一般由（　　）制成。
   A. 45钢　B. Q235　C. 铸铁　D. 铜

2. 大型工件划线时，为保证工件安置平稳、安全可靠，应选择的安置基面必须是（　　）。
   A. 大而平直的面　B. 加工余量大的面
   C. 精度要求较高的面　D. 精度要求较低的面

3. 钻削小孔时，由于钻头细小，因此转速应（　　）。
   A. 低　B. 高　C. 不变　D. 不高不低

4. 锯削软钢、铝、铜，应选用（　　）齿手用锯条。
   A. 粗　B. 中　C. 细　D. 特细

5. 锉刀的齿纹的粗细等级，分为（　　）种等级。
   A. 3　B. 4　C. 5　D. 6

6. 研具通常采用比被研磨工件（　　）的材料。
   A. 硬　B. 软　C. 相同　D. 相近

7. 攻螺纹时发现螺纹表面粗糙，是由于（　　）。
   A. 丝锥磨损　B. 丝锥前、后面粗糙
   C. 没有选用合适的切削液　D. 丝锥与工件加工表面不垂直

8. 铰孔时，孔呈多棱形的原因是（　　）。
   A. 切削刃上黏有积屑瘤　B. 铰刀磨钝
   C. 铰削余量太大　D. 铰削余量太小

9. 扩孔时孔的公差等级可达到（　　）。
   A. IT10 ~ IT11　B. IT9 ~ IT10　C. IT8 ~ IT9　D. IT7 ~ IT8

10. 錾削一般钢材和中等硬度材料时，錾子的楔角应选取（　　）。

A. 30°~50°　　B. 50°~60°　　C. 60°~70°　　D. 70°~90°

11. 在锉削加工余量较小，或者在修正尺寸时，应采取（　　）。

A. 顺向锉法　　B. 交叉锉法　　C. 推锉法　　D. 横锉法

三、判断题（每题2分，共22分）

1. 借料的目的是保证工件各部位的加工表面有足够的加工余量。（　　）

2. 锉刀的纹路号的选择主要取决于工件的加工余量、加工精度和表面粗糙度。（　　）

3. 用手锯锯削时，其起锯角应小于15°角为宜，但不能太小。（　　）

4. 标准麻花钻的顶角是110°。（　　）

5. 不论是粗刮、细刮还是精刮，对小工件合研研点时，应将工件固定，平板放在工件上移动合研。（　　）

6. 三角刮刀可以用来刮削平面。（　　）

7. 钻孔时注入切削液的目的，主要是起冷却的作用。（　　）

8. 机攻螺纹时，丝锥的校准部分应全部出头后再反转退出丝锥，以保证螺纹牙型的正确性。（　　）

9. 铰铸铁孔时加煤油润滑，可能会产生铰孔后孔径缩小。（　　）

10. 研磨后的尺寸精度可以达到0.01~0.05mm。（　　）

11. 带有键槽的孔，铰削时应采用螺旋铰刀。（　　）

四、简答题（共21分）

1. 划线基准一般可根据哪三种类型选择？（5分）

2. 什么是平面划线，什么是立体划线？（5分）

3. 攻螺纹时造成螺纹表面粗糙的原因有哪些？（5分）

4. 内孔研磨时，造成孔口扩大的主要原因有哪些？（6分）

阶段性测试3——装配钳工

班级＿＿＿＿＿＿ 学号＿＿＿＿＿ 姓名＿＿＿＿＿＿ 成绩＿＿＿＿＿＿

一、填空题（每空1分，共26分）

1. 按照一定的精度标准和技术要求，将若干个零件组成部件或将若干个零部件组合成机构或机器的工艺过程，称为＿＿＿＿＿＿。

2. 尺寸链的组成有＿＿＿＿＿＿、＿＿＿＿＿＿、＿＿＿＿＿＿、＿＿＿＿＿＿、＿＿＿＿＿＿、＿＿＿＿＿＿。

3. 固定连接是装配中最基本的装配方法，常见的固定连接有＿＿＿＿＿＿和＿＿＿＿＿＿。

4. 轴承的固定方式有＿＿＿＿＿＿和＿＿＿＿＿＿两种方式。

5. 对于承受载荷＿＿＿＿＿＿、＿＿＿＿＿＿要求较高的轴承，大都是在无游隙，甚至有少量过盈的状态下工作的。

6. 滚动轴承由＿＿＿＿＿＿、＿＿＿＿＿＿、＿＿＿＿＿＿和＿＿＿＿＿＿四个部分组成。

7. 啮合齿轮的侧隙最直观、最简单的测量方法是＿＿＿＿＿＿。

8. 齿轮传动是依靠轮齿间的啮合来传递＿＿＿＿＿＿和＿＿＿＿＿＿的。

9. 带常用的张紧方法有＿＿＿＿＿＿和＿＿＿＿＿＿。

10. 销连接的主要功用有＿＿＿＿＿＿、＿＿＿＿＿＿和＿＿＿＿＿＿，以及作为安全装置中的过载剪断零件。

二、选择题（每题3分，共33分）

1. 装配工艺组织形式的好坏，对装配效率的高低影响很大，而移动式装配适用于（　　）生产。

A. 大批大量　B. 小批小量　C. 中批中量　D. 单件小批

2. 大型工件划线时，为保证工件安置平稳、安全可靠，应选择的安置基面必须是（　　）。

A. 大而平直的面　B. 加工余量大的面

C. 精度要求较高的面　D. 精度要求较低的面

3. 为了保证装配后滚动轴承与轴颈和壳体孔台肩处紧贴，轴承的圆弧半径应（　　）轴颈或壳体孔台肩处的圆弧半径。

A. 大于　B. 小于　C. 等于　D. 等于或大于

4. 组合夹具各类元件之间的相互位置（　　）调整。

A. 不可以　B. 可以　C. 部分可以　D. 部分不可以

5. 夹具装配完毕后，再进行一次复检，复检即（　　）。

A. 对工件进行检验　B. 对夹具再进行一次检验

C. 对工件和夹具同时检验　D. 对部分工件进行检验

6. 若轴承内、外圈装配的松紧程度相同时，安装时作用力应加在轴承的（　　）。

A. 内圈　B. 外圈　C. 内、外圈　D. 保持架

7. 在尺寸链中，如果某一组成环增大，封闭环随其（　　），那么该组成环为减环。

A. 减小　　B. 不变　　C. 增大　　D. 增大或减小

8. 零件的密封试验是（　　）。

A. 装配前的工作　　B. 调整工作　　C. 装配工作　　D. 试车

9. 将螺柱紧固端装入固定零件时必须加注（　　）润滑，以防发生咬住现象。

A. 菜油　　B. 煤油　　C. 润滑脂　　D. 油

10. 过盈连接装配时，（　　）适用于过盈量小的小型连接和薄壁衬套等。

A. 干冰冷缩　　B. 感应加热　　C. 低温箱冷却　　D. 液氮冷却

11. 用压铅丝法检测齿轮副侧隙，铅丝直径不宜超过最小间隙的（　　）。

A. 6 倍　　B. 5 倍　　C. 4 倍　　D. 3 倍

三、判断题（每题 1 分，共 11 分）

1. 夹紧力的方向应有利于减少夹紧力，所以夹紧力最好和重力、切削力同向，且垂直于工件的定位基准面。（　　）

2. 为防止或减少加工时的振动，夹紧力的作用点应远离加工部位，以提高加工部位的刚性。（　　）

3. 装配工作是产品生产过程中的第一道工序。（　　）

4. 使用电钻时可以直接开机钻孔，不需要开机空转试车。（　　）

5. 使用的钻头必须保持锋利，且钻孔时不宜用力过猛。（　　）

6. 用水平仪将静平衡装置沿平衡架的纵、横两个方向调成水平，误差应该在 0.02m/100mm。（　　）

7. 活扳手使用时应让固定钳口承受主要的作用力，扳手长度可以随意加长，以免损坏扳手和螺钉。（　　）

8. 螺柱的轴线必须与固定零件表面垂直。（　　）

9. 螺钉连接可用在经常拆卸的场合。（　　）

10. 传动带在带轮上的包角不能小于 100°，否则容易打滑。（　　）

11. 对于承受载荷较大、旋转精度要求高的轴承，大多数无游隙。（　　）

四、简答题（每题 6 分，共 30 分）

1. 机器制造中产品的生产类型及装配的组织形式有哪几种？

2. 滚动轴承常见的故障、原因及解决方法有哪些？

3. 齿轮传动的主要优点有哪些？

4. 尺寸链的形式按环的几何特征来分有几种？

5. 装配工艺过程包括哪几部分？

阶段性测试4——机修钳工

班级__________ 学号__________ 姓名__________ 成绩__________

一、填空题（每空1分，共38分）

1. 设备修理主要分为__________、__________、__________和__________。
2. 传动机构的类型较多，常见的有__________、__________、__________、__________、__________和__________。
3. 更换齿轮时应当注意，更换的新齿轮必须和原齿轮的__________、__________和__________保持一致。
4. 滑动轴承的损坏形式有工作表面________、________、________、________。
5. 滚动轴承是一种已标准化的、十分精密的运动支承组件，其特点是__________、__________、__________、__________、__________等。
6. 机械噪声是由传动件受__________、__________和__________影响引起的。
7. 磨粒磨损是__________或__________的切削或刮擦作用引起的表面材料脱落现象。
8. 机械摩擦磨损由于零件表面会产生磨损，所以它会造成__________、__________和__________的变化。
9. 链传动机构常见的损坏有__________、__________和__________。
10. 设备修理过程一般包括__________、__________、__________、__________和__________等步骤。

二、选择题（每题2分，共22分）

1. 型号为205的滚动轴承直径系列是（　　）。
   A. 超轻系列　B. 轻系列　C. 中系列　D. 重系列
2. 蜗杆传动中，接触斑点应在蜗轮螺旋面的（　　）。
   A. 左侧　B. 右侧
   C. 中部　D. 中部稍偏于蜗杆旋出方向
3. CA6140型卧式车床主轴前锥孔为（　　）锥度，用以安装顶尖和心轴。
   A. 莫氏3号　B. 莫氏4号　C. 莫氏5号　D. 莫氏6号
4. 在安装过盈量较大的中大型轴承时，宜用（　　）。
   A. 冷装　B. 锤击　C. 热装　D. 都不对
5. 装配的常用方法有完全互换装配法、选择装配法、修配装配法和（　　）。
   A. 调整装配法　B. 直接选配法　C. 分组选配法　D. 互换装配法
6. 过盈连接是依靠包容件和被包容件配合后的（　　）来达到紧固连接的。
   A. 压力　B. 张紧力　C. 过盈值　D. 摩擦力
7. 工作完毕后，所用过的工具要（　　）。
   A. 检修　B. 堆放　C. 清理、涂油　D. 交接
8. 带轮相互位置不准确会引起带张紧不均匀而过快磨损，当（　　）不大时，可用长

直尺准确测量。

A. 张紧力　　B. 摩擦力　　C. 中心距　　D. 都不是

9. 轴承的轴向固定方式有两端单向固定方式和（　　）方式两种。

A. 两端双向固定　B. 一端双向固定　C. 一端单向固定　D. 两端均不固定

10. 影响齿轮（　　）的因素包括齿轮加工精度、齿轮的精度等级、齿轮副的侧隙要求及齿轮副的接触斑点要求。

A. 运动精度　B. 传动精度　C. 接触精度　D. 工作平稳性

11. （　　）就是要求把自己职业范围内的工作做好。

A. 爱岗敬业　B. 奉献社会　C. 办事公道　D. 忠于职守

三、判断题（每题1分，共10分）

1. 量块测量面精度很高，使用时在组合的量块上、下加护块。（　　）
2. 传动链中常用的是套筒磙子链，当传递功率较大时可用多排的套筒磙子链。（　　）
3. 低压开关可以用来直接控制任何容量电动机的启动、停止和正、反转。（　　）
4. 在钢件上攻螺纹和套螺纹，都要加切削液。（　　）
5. 用击卸法拆卸零件，可用锤子直接敲击任何被拆卸部位。（　　）
6. 过盈连接配合表面应具有较小的表面粗糙度，圆锥面过盈连接还要求配合接触面积达到75%以上，以保证配合稳固性。（　　）
7. 链轮和带轮一样，装配后应保证径向和轴向圆跳动量控制在一定范围内。（　　）
8. 轴上加工有对传动件进行径向或轴向固定的结构。（　　）
9. 选择滚动轴承配合时，一般要考虑负荷的大小、方向、性质、转速的大小、旋转精度和拆卸是否方便。（　　）
10. 工艺卡片和工艺过程卡片都是以工序为单元填写的表格，但工艺卡片要比工艺过程卡片简单，多用于小批量生产。（　　）

四、简答题（每题6分，共30分）

1. 滚动轴承常见的故障、产生原因及修理方法有哪些？

2. 动压滑动轴承的修理方法有哪几种？

3. 设备拆卸前的准备工作有哪些？

4. 对于精度要求不高、工件转速低的大型齿轮镶齿方法的修复步骤是什么？

5. 牛头刨床滑枕温度异常升高的原因及排除方法是什么？

综合测试卷 1

班级__________ 学号__________ 姓名__________ 成绩__________

一、填空题（每空 2 分，共 20 分）

1. 在使用千分尺之前应先检查一下活动套筒上零套线是否与__________上的基准线对齐。

2. HT150 中数字表示__________。

3. 碳钢的硬度在__________范围内切削加工性能好。

4. 锯削工件时，__________时锯齿逐步切入工件，锯齿不易被卡住，起锯方便。

5. 为提高主轴的刚性和抗振性，CA6140 型卧式车床采用了__________支承结构。

6. 校直台阶轴时，应先从直径__________一段开始，再逐渐校其余各段，直到全部符合要求。

7. Z4012 型台钻的最大钻孔直径为__________。

8. 砂轮机的搁架与砂轮间的距离应保持在__________以内。

9. 每一步装配工作都应满足预定的装配要求，且应达到一定的__________。

10. 锥齿轮机构啮合质量检查：为保证工作时齿轮在全宽上能均匀地接触，在无载荷时，接触斑点应靠近齿轮__________。

二、选择题（每题 2 分，共 40 分）

1. 下列说法中，（　　）说法是正确的。

A. “单一剖”“斜剖”只适合画全剖视图

B. “单一剖”只用于画局部剖视图

C. 五种剖切方法适合画各种剖视图

D. “旋转剖”“阶梯剖”适合画半剖视图

2. 在画螺纹连接时，当剖切平面纵向剖切螺杆、键等零件时，这些零件（螺栓、螺柱、螺钉、螺母、垫圈、键等），应按（　　）处理。

A. 剖到　　B. 未剖到

C. 剖到、未剖到均可　　D. 简化画法

3. 在装配图中，如需要在剖面线区画出零件序号的指引线时，指引线与剖面线（　　）。

A. 不得相交　　B. 不得倾斜　　C. 不得平行　　D. 不得垂直

4. 位置公差是（　　）的位置对基准所允许的变动全量。

A. 关联实际要素　　B. 中心要素　　C. 理想要素　　D. 单一要素

5. V 带两侧面的夹角是（　　）。

A. 20°　　B. 40°　　C. 25°　　D. 60°

6. 在适当条件下保护接地与保护接零说法正确的是（　　）。

A. 前者比后者安全、可靠　　B. 后者比前者安全、可靠

C. 两者同样安全、可靠，且同一供电线路中可根据不同电气设备一起采用

D. 两者同样安全、可靠，但不能在同一供电线路中使用

7. 170HBW5/1000/30 前面的数字“170”表示（　　）。

A. 试样载荷　　B. 试验力保持时间　C. 硬度值　　D. 试验钢球直径

8. 螺纹公称直径指螺纹大径基本尺寸，即（　　）直径。

A. 外螺纹牙顶和内螺纹牙底　　B. 外螺纹牙底和内螺纹牙顶

C. 内、外螺纹牙顶　　D. 内、外螺纹牙底

9. 关于研磨，下列（　　）说法是正确的。

A. 尺寸精度和表面粗糙度都不如刮削高

B. 用一般机械加工方法产生的形状误差可以通过研磨的方法加以校正

C. 获得的尺寸精度较高，但不能校正上道工序留下的误差

D. 尺寸精度、表面粗糙度都不如磨削高

10. 研磨工件时为保证工件表面的轨迹，且研痕紧密，应尽量不选用（　　）轨迹。

A. 直线形　　B. 仿8字形　　C. 螺旋线形　　D. 摆线形

11. 当工件的被刮削面小于平板平面时，推研最好（　　）。

A. 超出平板 1/5　　B. 超出平板 1/3

C. 不超出平板　　D. 超出或不超出平板均可

12. 消除平板刮削正研时的扭曲，采取对角研的方法，研磨时（　　）。

A. 高角对高角，低角对低角　　B. 高角对低角，低角对高角

C. 高角对高角，低角对高角　　D. 不需考虑高角、低角

13. 旋转件不平衡时，（　　）增大一倍，不平衡离心力增加四倍。

A. 不平衡量　　B. 偏心距　　C. 转速　　D. 旋转件重量

14. Z525 型立钻主轴箱内的柱塞泵是为完成（　　）设计的。

A. 液压传动　　B. 机构润滑　　C. 主运动　　D. 进给运动

15. 锉刀的粗细等级分为 1 号、2 号、3 号、4 号、5 号，其中（　　）最细。

A. 1 号　　B. 2 号　　C. 3 号　　D. 5 号

16. 锯削管子和薄板时，必须用（　　）齿锯条。

A. 粗　　B. 细　　C. 中齿　　D. 任意

17. 为保证带轮在轴上安装的正确性，带轮装入轴上需检查其（　　）是否符合要求。

A. 径向圆跳动量　　B. 轴向圆跳动量

C. 径向和轴向圆跳动量　　D. 径向或轴向圆跳动量

18. 型号为 205 的滚动轴承直径系列是（　　）。

A. 超轻系列　　B. 轻系列　　C. 中系列　　D. 重系列

19. 在安装和维修工作中，手动葫芦常与（　　）配合使用，组成简单的起重机械。

A. 桅杆　　B. 千斤顶

C. 三脚起重架或单轨行车　　D. 卷扬机

20. 生产中，加工精度的高低是用（　　）的大小来表示的。

A. 尺寸精度　　B. 形状精度　　C. 加工误差　　D. 位置精度

三、判断题（每题 2 分，共 20 分）

1. 量块测量面精度很高，使用时在组合的量块上、下加护块。（　　）

2. 传动链中常用的是套筒磙子链，当传递功率较大时可用多排的套筒磙子链。（　　）

3. 低压开关可以用来直接控制任何容量电动机的启动、停止和正、反转。 ( )

4. 在钢件上攻螺纹和套螺纹，都要加切削液。 ( )

5. 用击卸法拆卸零件，可用锤子直接敲击任何被拆卸部位。 ( )

6. 过盈连接配合表面应具有较小的表面粗糙度，圆锥面过盈连接还要求配合接触面积达到75%以上，以保证配合稳固性。 ( )

7. 链轮和带轮一样，装配后应保证径向和轴向圆跳动量控制在一定范围内。 ( )

8. 轴上加工有对传动件进行径向或轴向固定的结构。 ( )

9. 选择滚动轴承配合时，一般要考虑负荷的大小、方向、性质、转速的大小、旋转精度和拆卸是否方便。 ( )

10. 工艺卡片和工艺过程卡片都是以工序为单元填写的表格，但工艺卡片要比工艺过程卡片简单，且多用于小批量生产。 ( )

四、简答题（每题10分，共20分）

1. 为什么要调整滚动轴承的游隙？

2. 在一钻床上钻 $\phi 8$mm 的孔，选择转速 n 为1000 r/min。求钻削时的切削速度 v。

综合测试卷 2

班级__________ 学号__________ 姓名__________ 成绩__________

一、填空题（每空 2 分，共 20 分）

1. 常用的千分尺有外径千分尺、内径千分尺、__________千分尺。

2. 使用内径百分表测量孔径时，摆动内径百分表所测得__________尺寸才是孔的实际尺寸。

3. 千分尺的测量精度一般为__________。

4. 立体划线要选择__________划线基准。

5. 划线时 V 形块用来安放__________工件。

6. 使用千斤顶支承工件划线时，一般__________为一组。

7. 锯削时的锯削速度以每分钟往复__________次为宜。

8. 錾削时，錾子切入工件太深的原因是__________。

9. 錾削时，__________是锤击力最大的挥锤方法。

10. 三视图之间的投影规律可概括为：主、俯视图长对正；主、左视图__________；左、俯视图宽相等。

二、选择题（每题 2 分，共 40 分）

1. 作为紧固件用的普通螺纹，其牙型一般为（　　）。

A. 梯形　　B. 矩形　　C. 三角形　　D. 特殊形

2. 尺寸公差即（　　）。

A. 上极限偏差　　B. 下极限偏差

C. 上极限偏差 − 下极限偏差　　D. 上极限偏差 + 下极限偏差

3. 螺纹公称直径指螺纹大径基本尺寸，即（　　）直径。

A. 外螺纹牙顶和内螺纹牙底　　B. 外螺纹牙底和内螺纹牙顶

C. 内、外螺纹牙顶　　D. 内、外螺纹牙底

4. 带传动由带和（　　）组成。

A. 带轮　　B. 链条　　C. 齿轮　　D. 齿条

5. 千分尺读数时（　　）。

A. 不能取下　　B. 必须取下

C. 最好不取下　　D. 先取下，再锁紧，然后读数

6. 攻螺纹时，丝锥切削刃对材料产生挤压，因此攻螺纹前底孔直径必须（　　）螺纹小径。

A. 稍大于　　B. 稍小于　　C. 稍大于或稍小于　　D. 等于

7. 两带轮在使用过程中，发现轮上的 V 带张紧程度不等，这是由于（　　）造成的。

A. 轴颈弯曲　　B. 带拉长　　C. 带磨损　　D. 带轮与轴配合松动

8. V 带两侧面的夹角是（　　）。

A. 20°　　B. 40°　　C. 25°　　D. 60°

9. 为保证带轮在轴上安装的正确性，带轮装入轴上需检查其（ ）是否符合要求。

A. 径向圆跳动量　　B. 轴向圆跳动量

C. 径向和轴向圆跳动量　　D. 径向或轴向圆跳动量

10. 齿轮传动的特点是（ ）。

A. 传动比恒定　　B. 传动效率低

C. 传动不平稳　　D. 适用中心距较大场合

11. 在传动中心距较大，有准确的平均传动比要求，能保证较高的传动效率，但对传动平稳性要求不高的场合，可采用（ ）。

A. 平带传动　　B. V 带传动　　C. 链传动　　D. 齿轮传动

12. 将部件、组件、零件连接、组合成为整台机器的操作过程，称为（ ）。

A. 组件装配　　B. 部件装配　　C. 总装配　　D. 逐步装配

13. 齿轮副正确啮合的条件是（ ）。

A. 分度圆相同　　B. 模数相同，压力角相等

C. 齿数相同　　D. 齿顶圆直径相等

14. 链轮两轴线必须平行，否则会加剧链条和链轮的磨损，降低传动（ ），并增加噪声。

A. 平稳性　　B. 准确性　　C. 可靠性　　D. 坚固性

15. 影响齿轮传动精度的因素包括（ ）、齿轮的精度等级、齿轮副的侧隙要求及齿轮副的接触斑点要求。

A. 运动精度　　B. 接触精度　　C. 齿轮加工精度　　D. 工作平稳性

16. 产品的装配工作包括部件装配和（ ）。

A. 总装配　　B. 固定式装配　　C. 移动式装配　　D. 装配顺序

17. 滚动轴承当工作温度低于密封用脂的滴点，速度较高时，应采用（ ）密封。

A. 毡圈式　　B. 皮碗式　　C. 间隙　　D. 迷宫式

18. 轴向间隙直接影响丝杠副的（ ）。

A. 运动精度　　B. 平稳性　　C. 传动精度　　D. 传递转矩

19. 尺寸链中封闭环（ ）等于所有增环公称尺寸与所有减环公称尺寸的差。

A. 公称尺寸　　B. 公差　　C. 上极限偏差　　D. 下极限偏差

20. 应用最普遍的夹紧机构有（ ）。

A. 简单夹紧装置　　B. 复合夹紧装置　　C. 连杆机构　　D. 螺旋机构

三、判断题（每题 2 分，共 20 分）

1. 表面粗糙度是指加工表面上具有较小的高低差形成的微小形状。（ ）

2. 在钢件上攻螺纹和套螺纹，都要加机油。（ ）

3. 在链传动中常用的是套筒滚子链。（ ）

4. 用击卸法拆卸零件，可用锤子直接敲击任何被拆卸部位。（ ）

5. 链轮和带轮一样，装配后应保证径向和轴向圆跳动量控制在一定范围内。（ ）

6. 选择滚动轴承配合时，一般要考虑负荷的大小、方向、性质、转速的大小、旋转精度和拆卸是否方便。（ ）

7. 检查齿轮齿侧间隙，可使用压熔丝检验法。（ ）

8. 带传动中，调整带的张紧力只能调整两带轮中心距而不能使用张紧轮。（ ）

9. 使用手持照明灯时电压必须低于36V。（ ）

10. 职业道德修养要从培养自己良好的行为习惯着手。（ ）

四、简答题（每题10分，共20分）

1. 钳工的任务是什么？

2. 用分度头在一工件的圆周上划出均匀分布的13个孔的中心，试求每划完一个孔中心，手柄应转过多少转？（孔盘孔数为34、37、38、39、41）

高等职业技术教育招生考试 机械类（专业理论）模拟试卷1

钳工技术基础部分（满分100分）

班级______ 学号______ 姓名______ 成绩______

一、填空题（每空1分，共20分）

1. 机械设备都是由______组成的，而大多数零件是由金属材料制成的。

2. 钳工的主要任务有______、______、______和______。

3. 台虎钳在钳台上安装时，必须使固定钳身的工作面处于______以外，以保证夹持工件时工件的下端不受阻碍。

4. 机械设备的大修、中修、小修和二级保养，属于______修理工作。

5. 钻床通常用于对工件进行______的加工，常用的有______、______和______等。

6. V带传动机构中，带在带轮上的包角不能小于______，否则容易打滑。

7. 钻床运转满______应进行一次一级保养。

8. 钳工必须掌握的基本技能有______、______、______、______、钻孔、扩孔、锪孔、铰孔、攻螺纹、套螺纹、刮削、研磨、矫正与弯曲、铆接与连接、装配等。

9. V带传动机构是依靠带与带轮之间的______来传递运动和动力的。

10. 滑动轴承采用的润滑方式有______润滑和______润滑。

二、选择题（每题2分，共40分）

1. 精密加工以及检验和修配等操作属于钳工的（　）任务。

A. 加工零件　B. 装配　C. 设备维修　D. 工具的制造和修理

2. （　）是使用工、量具及辅助设备对各类设备进行安装、调试和维修的人员。

A. 普通钳工　B. 机修钳工　C. 工具钳工　D. 包括以上三项

3. 将台虎钳装上钳台后，钳口高度以恰好齐人的（　）为宜。

A. 腰部　B. 肘部　C. 肩部　D. 腰部与肩部的中间

4. 砂轮机的搁架与砂轮之间的距离一般保持在（　）之内，否则易造成磨削件被砂轮带入的事故。

A. 1mm　B. 2mm　C. 3mm　D. 4mm

5. 使用砂轮机时，操作者应站在砂轮的（　）。

A. 正面　B. 侧面或斜侧面　C. 背面　D. 任意位置

6. 锯削工件时，截面上至少要有（　）以上的锯齿同时参加锯削，才能避免锯齿被钩住而崩断。

A. 1个　B. 2个　C. 3个　D. 没有要求

7. 圆形工件一般放在（　）。

A. 平板　B. V形架　C. 垫块　D. 虎钳

8. （　　）是锯条折断的原因。

A. 起锯时起锯角太大　　B. 使用锯齿两面磨损不均匀的锯条

C. 工件未夹紧，锯削时工件松动　　D. 以上都包括

9. 錾削时，身体与台虎钳中心线大约成（　　）角。

A. 60°　　B. 90°　　C. 45°　　D. 30°

10. 放置划线平板时，应使划线平板表面处于（　　）状态。

A. 水平　　B. 垂直　　C. 倾斜　　D. 随便

11. 滚动轴承内径与轴的配合应为（　　）。

A. 基孔制　　B. 基轴制　　C. 基孔制或基轴制　　D. 基准制

12. 滚动轴承的精度等级有（　　）。

A. 三级　　B. 四级　　C. 五级　　D. 六级

13. 钻孔时，其（　　）由钻头直径决定。

A. 切削速度　　B. 切削深度　　C. 进给量　　D. 转速

14. 产品装配的常用方法有完全互换装配法、选择装配法、修配装配法和（　　）。

A. 调整装配法　　B. 直接选配法　　C. 分组选配法　　D. 互换装配法

15. 尺寸链中封闭环（　　）等于所有增环基本尺寸与所有减环基本尺寸的差。

A. 公称尺寸　　B. 公差　　C. 上极限偏差　　D. 下极限偏差

16. 传动精度高、工作平稳、无噪声、易于自锁、能传递较大的转矩，这是（　　）的特点。

A. 螺旋传动机构　　B. 蜗杆传动机构

C. 齿轮传动机构　　D. 带传动机构

17. 完全互换法是（　　）完全依赖于零件制造精度的装配方法。

A. 装配精度　　B. 加工精度　　C. 加工误差　　D. 减少误差

18. 靠改变两带轮中心距或用张紧轮张紧是张紧力的（　　）。

A. 检查方法　　B. 调整方法

C. 设置方法　　D. 前面叙述都不正确

19. 攻螺纹前必须先钻底孔，钻孔孔径应（　　）螺纹小径。

A. 小于　　B. 大于　　C. 等于　　D. 任意

20. 影响齿轮（　　）的因素包括齿轮加工精度、齿轮的精度等级、齿轮副的侧隙要求及齿轮副的接触斑点要求。

A. 运动精度　　B. 传动精度　　C. 接触精度　　D. 工作平稳性

三、判断题（每题2分，共20分）

1. 长径比较大的零件，如精密的细长轴丝杠、光杠等零件，拆下清洗后，应垫平存放或悬挂立放。（　　）

2. 温差法装配和拆卸零件，主要利用物体热胀冷缩特性。（　　）

3. 在装配中要进行修配的组成环称为封闭环。（　　）

4. 在装配过程中，每个零件都必须进行试装，通过试装时的修理、刮削、调整等工作，才能使产品达到规定的技术要求。（　　）

5. 安装V带时，应先将V带套在大带轮槽中，然后套在小带轮上。（　　）

6. 锯削运动时，推力和压力由右手控制，左手主要配合右手扶正锯弓，锯削压力应大些。 ( )

7. 錾屑要用铁刷刷掉，不得用手擦或用嘴吹。 ( )

8. 为了使砂轮的主轴具有较高的回转精度，在磨床上常常采用特殊的滚动轴承。 ( )

9. 内径百分表的示值误差很小，在测量前不需用百分尺校对尺寸。 ( )

10. 使用游标卡尺可以测量铸造、锻造等毛坯件，同时还可以测量精度要求高的工件。 ( )

四、简答题（每题10分，共20分）

1. 出现导轨间隙的故障原因有哪些？如何排除？

2. 一公称尺寸为 $\phi30$mm 的孔、轴配合，要求装配后有 0.1～0.3mm 的间隙量，已知孔的尺寸为 $\phi30^{+0.15}_{0}$mm，求轴的尺寸。

高等职业技术教育招生考试 机械类（专业理论）模拟试卷 2

钳工技术基础部分（满分 100 分）

班级__________ 学号__________ 姓名__________ 成绩__________

一、填空题（每空 1 分，共 20 分）

1. 三视图之间的投影规律可概况为：主、俯视图__________；主、左视图__________；俯、左视图__________。

2. 直齿圆柱齿轮装配后，发现接触斑点单面偏接触，其原因是__________。

3. 划线基准的类型有__________、__________、__________三种。

4. 经淬硬的钢制零件进行研磨时，常用__________材料作为研具。

5. 利用开口销与带槽螺母锁紧，属于__________防松装置。

6. 为了使锉削表面光滑，锉刀的锉齿沿锉刀轴线方向成__________排列。

7. 用锉刀对__________进行切削加工称为锉削。锉削的应用范围很广，可以锉削__________、__________、外表面、内孔、沟槽和各种复杂表面等。

8. V 带传动机构是依靠带与带轮之间的__________来传递运动和动力的。

9. 挥锤的方法有__________、__________、__________三种。

10. 起锯是锯削工作的开始，__________的好坏直接影响锯削质量，起锯方式有__________和__________两种。

二、选择题（每题 2 分，共 40 分）

1. 游标卡尺是一种（　　）的量具。

　A. 中等精度　B. 精密　C. 较低　D. 较高精度

2. 钻孔时，其（　　）由钻头直径决定。

　A. 切削速度　B. 切削深度　C. 进给量　D. 转速

3. 读零件图的技术要求是为了（　　）。

　A. 了解性能　B. 想象形状

　C. 掌握质量指标　D. 了解各部分的大小

4. 分组选配法将一批零件逐一测量后，按（　　）的大小分成若干组。

　A. 公称尺寸　B. 极限尺寸

　C. 实际尺寸　D. 测量尺寸

5. 对机械设备进行周期性的彻底检查和恢复性的修理工作，称为（　　）。

　A. 小修　B. 中修　C. 大修　D. 维修

6. 螺纹连接为了达到可靠而坚固的目的，必须保证螺纹副具有一定的（　　）。

　A. 摩擦力矩　B. 拧紧力矩　C. 预紧力　D. 摩擦力

7. 滚动轴承的精度等级有（ ）。

A. 三级 B. 四级 C. 五级 D. 六级

8. 键连接分为（ ）连接、紧键连接和花键连接。

A. 松键 B. 楔键 C. 钩头键 D. 导向平键

9. 滚动轴承内径与轴的配合应为（ ）。

A. 基孔制 B. 基轴制 C. 基孔制或基轴制 D. 基准制

10. 润滑剂具有（ ）作用。

A. 提高转速 B. 降低转速 C. 洗涤 D. 提高摩擦因数

11. 应用最普遍的夹紧机构有（ ）。

A. 简单夹紧装置 B. 复合夹紧装置 C. 连杆机构 D. 螺旋机构

12. 锯削工件时，截面上至少要有（ ）以上的锯齿同时参加锯削，才能避免锯齿被钩住而崩断。

A. 1个 B. 2个 C. 3个 D. 没有要求

13. 车床主轴及其轴承间的间隙过大或松动，加工时使被加工零件发生振动而产生（ ）误差。

A. 直线度 B. 圆度 C. 垂直度 D. 平行度

14. 把蜗轮轴装入箱体后，蜗杆轴位置已由箱体孔决定，要使蜗杆轴线位于蜗轮轮齿对称中心面内，只能通过（ ）来调整。

A. 改变箱体孔中心线位置 B. 改变蜗轮调整垫片厚度

C. 报废 D. 把蜗轮轴车细或加偏心套改变中心位置

15. 精度较高的轴类零件，矫正时应用（ ）来检查矫正情况。

A. 钢直尺 B. 平台 C. 游标卡尺 D. 百分表

16. 转速高的大齿轮装在轴上后应做平衡检查，以免工作时（ ）。

A. 松动 B. 脱落 C. 振动 D. 加剧磨损

17. 螺纹连接有螺柱连接和（ ）连接。

A. 螺母 B. 螺钉 C. 螺母和螺钉 D. 特殊螺纹

18. （ ）不是装配工作的要点。

A. 零件的清理、清洗 B. 边装配、边检查

C. 试车前检查 D. 喷涂、涂油、装管

19. 传动精度高、工作平稳、无噪声、易于自锁、能传递较大的转矩，这是（ ）的特点。

A. 螺旋传动机构 B. 蜗杆传动机构

C. 齿轮传动机构 D. 带传动机构

20. 带传动不能做到的有（ ）。

A. 吸振和缓冲 B. 安全保护作用

C. 保证准确的传动比 D. 实现两轴中心距离较大的传动

三、判断题（每题2分，共20分）

1. 游标卡尺尺身和游标上的刻线间距都是1mm。 （ ）

2. 千分尺上的棘轮，其作用是限制测量力的大小。 （ ）

3. 划线的借料就是将工件的加工余量进行调整和恰当分配。 ( )

4. 锯床长度是以其两端安装孔的中心距来表示的。 ( )

5. 切削用量是切削速度、进给量和切削深度的总称。 ( )

6. 弹簧垫圈防松属于机械方法防松。 ( )

7. 链条的下垂度是反映链条装配后的松紧程度，所以要适当。 ( )

8. 齿轮与轴为锥面配合时，其装配后，轴端与齿轮端面应贴紧。 ( )

9. 接触精度是齿轮的一项制造精度，所以与装配无关。 ( )

10. 齿轮传动的特点包括：能保证一定的瞬间传动比，传动准确、可靠，并有过载保护作用。 ( )

四、简答题（每题 10 分，共 20 分）

1. 数控机床出现了切削振动大的现象，请从主轴部件的方面分析原因并提出处理方法。

2. 锉削平面时中间凸起产生的原因有哪些？

高等职业技术教育招生考试 机械类（专业理论）模拟试卷3

钳工技术基础部分（满分100分）

班级________ 学号________ 姓名________ 成绩________

一、填空题（每空1分，共20分）

1. 常用螺纹的种类有________、________、________等。

2. 划线分________和________。

3. 链传动机构常见的磨损形式有________、________、________等。

4. 带传动是利用传动带与带轮之间的________来传递运动和动力的，适用于两轴中心距较大的传动。

5. 滚动轴承按滚动体种类分为________、________和________。

6. 螺纹相邻两牙，在中径上对应两点间的轴向距离称为________。

7. 相同零件可以互相调换并仍能保证机器或部件性能要求的性质称为________。

8. 尺寸公差是指允许尺寸的变动量，即等于________与________代数差的绝对值。

9. 孔的尺寸减去相配合轴的尺寸所得的代数差，为正值时称为________，为负值时称为________。

10. 同类规格的呆扳手与活扳手，使用时比较安全的是________，使用时比较方便的是________。

二、选择题（每题2分，共40分）

1.（　　）可能是造成磨床工作台低速爬行的原因。

A. 系统不可避免油液泄漏现象　　B. 系统中混入空气

C. 液压冲击　　D. 空穴现象

2. 孔径较大时，应取（　　）的切削速度。

A. 任意　　B. 较大　　C. 较小　　D. 中速

3. 常用的液压油是（　　）。

A. 汽油　　B. 柴油　　C. 矿物油　　D. 植物油

4. 操作（　　）时不能戴手套。

A. 钻床　　B. 车床　　C. 铣床　　D. 机床

5. 锉刀共分三种：钳工锉、特种锉、（　　）。

A. 刀口锉　　B. 菱形锉　　C. 整形锉　　D. 椭圆锉

6. 当工件的强度、硬度越大时，刀具寿命（　　）。

A. 越长　　B. 越短　　C. 不变　　D. 不能确定

7. 将能量由原动机传递到（　　）的一套装置称为传动装置。

A. 工作机　　B. 电动机　　C. 汽油机　　D. 接收机

8. 拆卸时的基本原则：拆卸顺序与（　　）相反。
A. 装配顺序　B. 安装顺序　C. 组装顺序　D. 调节顺序
9. 切削塑性较大的金属材料时形成（　　）切屑。
A. 带状　B. 挤裂　C. 粒状　D. 崩碎
10. 液压传动是依靠（　　）来传递运动的。
A. 油液内部的压力　B. 密封容积的变化
C. 活塞的运动　D. 油液的流动
11. 能保持传动比恒定不变的有（　　）。
A. 带传动　B. 链传动　C. 齿轮传动　D. 摩擦轮传动
12. 孔的下极限尺寸与轴的上极限尺寸的代数差为正值称为（　）。
A. 间隙值　B. 最小间隙　C. 最大间隙　D. 最大过盈
13. 錾削硬钢或铸铁等硬材料时，楔角取（　　）。
A. 30°～50°　B. 50°～60°　C. 60°～70°　D. 70°～90°
14. 液压传动的动力部分的作用是将机械能转变成液体的（　　）。
A. 热能　B. 电能　C. 压力势能　D. 动能
15. 滚动轴承的温升不得超过（　　），温度过高时应检查原因并采取正确措施调整。
A. 60～65℃　B. 40～50 ℃　C. 25～30℃　D. 10～20℃
16. 钻孔时，（　　）由钻头直径决定。
A. 切削速度　B. 切削深度　C. 进给量　D. 转速
17. 交叉锉时锉刀运动方向与工件夹持方向成（　　）角。
A. 10～20℃　B. 20～30℃　C. 30～40℃　D. 40～50℃
18. 滚动轴承的精度等级有（　　）。
A. 三级　B. 四级　C. 五级　D. 六级
19. 键连接分为（　　）连接、紧键连接和花键连接。
A. 松键　B. 楔键　C. 钩头键　D. 导向平键
20. 润滑剂具有（　　）作用。
A. 提高转速　B. 降低转速　C. 洗涤　D. 提高摩擦因数

三、**判断题**（每题 2 分，共 20 分）

1. 齿轮在轴上固定且当要求配合过盈量很大时，应采用液压套合法装配。（　　）
2. 选定合适的定位元件可以保证工件定位稳定和定位误差最小。（　　）
3. 千分尺若受到撞击、造成旋转不灵时，操作者应立即拆卸，进行检查和调整。（　　）
4. 用接长钻头钻深孔时，可一钻到底，不必中途退出排屑。（　　）
5. 在韧性材料上攻螺纹不可加切削液，以免降低螺纹表面粗糙度。（　　）
6. 材料弯曲时中性层一般不在材料正中，而偏向内层材料一边。（　　）
7. 在带传动中，平带是不产生打滑的带。（　　）
8. 工件一般应夹持在台虎钳的左面，以便操作。（　　）
9. 台虎钳夹持工件时，可套上长管子扳紧手柄，以增加夹紧力。（　　）
10. 起锯时，起锯角越小越好。（　　）

四、简答题（每题10分，共20分）

1. 带传动与其他机械传动相比有什么优点？

2. 蜗杆传动有哪些特点？它适用于哪些场合？

第四部分

参考答案

第一部分　基础练习

单元一　钳工入门知识

知识要点和分析

【知识要点一】　钳工的定义和主要任务★常见题型　安装；调试；维修
【知识要点二】　钳工常用设备★常见题型　A
【知识要点三】　量具的类型★常见题型　D
【知识要点四】　钳工常用量具★常见题型　1）C；2）B
【知识要点五】　量具的维护与保养★常见题型　C

钳工入门知识——练习卷 1

一、钳工基本概念

1. 工具钳工；装配钳工；机修钳工　2. 装配；调整　3. 固定式；回转式　4. 扳紧手柄　5. 36V　6. 台式钻床；立式钻床；摇臂钻床　7. 3mm　8. 停车清除；嘴吹；手拉

二、钳工常用量具

1. 万能量具；专用量具；标准量具　2. 中等精度；外径；孔径；长度；宽度；孔距　3. 0.02mm；0.05mm　4. 0 ~ 25mm；25 ~ 50mm；50 ~ 75mm；75 ~ 100mm　5. 精度较高；相对数值;绝对数值；几何　6. 自由状态　7. 0° ~ 320°　8. 5　9. 室温下　10. 鉴定和保养；计量室检修

钳工入门知识——练习卷 2

一、填空题

1. 手持工具；金属表面　2. 加工零件；装配；设备维修；工具的制造和修理　3. 手肘　4. 运转平稳；停机修整　5. 精密量具；游标卡尺　6. 0 级；1 级；0 级；1 级　7. 0.01mm　8. 间隙大小

二、判断题

1. √　2. √　3. ×　4. √　5. ×　6. ×　7. √　8. ×

三、选择题

1. A　2. B　3. D　4. C　5. B　6. D　7. A　8. B　9. A　10. A

钳工入门知识——复习卷

一、填空题

1. 操作方便；ϕ12mm　2. 0.01mm　3. 测量；检验零件；形状；尺寸　4. 圆度；圆跳动；平面度；平行度；直线度；找正工件　5. 弯曲和折断；用力；弯曲甚至折断；温度较高　6. 工具；刀具

二、判断题

1. √　2. ×　3. ×　4. ×　5. √　6. ×　7. ×　8. ×

三、选择题

1. B　2. A　3. C　4. C　5. A　6. A　7. C　8. B　9. A　10. B

钳工入门知识——测验卷

一、填空题

1. 深度　2. 最小　3. 钳台边缘　4. 划线；錾削；锯削；锉削　5. 800mm；900mm　6. 100mm；125mm；150mm　7. 内径；孔距；槽宽　8. 11. 50mm　9. 1. 195mm

二、判断题

1. ×　2. √　3. ×　4. ×　5. ×　6. ×　7. √　8. ×　9. √　10. ×

三、选择题

1. D　2. D　3. B　4. B　5. A　6. B　7. C　8. D　9. C　10. A　11. B　12. A

单元二　工具钳工

知识要点和分析

【知识要点一】　划线的种类、作用及基准的选择★常见题型　1）平面划线；立体划线　2）质量；效率；合格率

【知识要点二】　常用划线工具★常见题型　1）15°~20°；45°~75° 2）普通划规；扇形划规；弹簧划规

【知识要点三】　錾子的角度★常见题型　前；后；切削刃；56~62HRC

【知识要点四】　錾子的刃磨★常见题型　淬火；多次淬火；淬时容易崩裂

【知识要点五】　錾削基本操作★常见题型　崩裂；10~15mm

【知识要点六】　锯削工具★常见题型　25mm

【知识要点七】　锯削基本操作★常见题型　15°

【知识要点八】　锉刀的相关知识★常见题型　1）碳素工具；62HRC　2）钳工锉；异形锉；整形锉；尺寸；粗细

【知识要点九】　锉削的基本操作★常见题型　1）顺向锉；交叉锉　2）前进运动；锉刀绕工件圆弧中心

【知识要点十】　锉削产生废品的形式分析及锉刀的维护与保养★常见题型　用手摸；打滑

【知识要点十一】　钻孔相关知识★常见题型　1）钻头的旋转；钻头的轴线移动　2）切削速度；进给量；切削深度　3）高速钢；62~68HRC

【知识要点十二】　扩孔相关知识★常见题型　扩大加工；IT9~IT10；*Ra* 3. 2~12. 5μm

【知识要点十三】　锪孔相关知识★常见题型　柱形锪钻；锥形锪钻；端面锪钻

【知识要点十四】　铰孔相关知识★常见题型　铰刀；IT7~IT9；*Ra* 0. 8~3. 2μm

【知识要点十五】　攻螺纹相关知识★常见题型　1）内螺纹；手用；机用　2）两；三

【知识要点十六】　套螺纹相关知识★常见题型　圆杆；螺纹

【知识要点十七】　刮削基本概念★常见题型　1）尺寸；接触；传动；粗糙度值　2）单个；组合

【知识要点十八】　刮削工具★常见题型　平面；外曲面；内曲面

【知识要点十九】 刮削姿势及刮削精度检验★常见题型 接触；平行度

【知识要点二十】 研磨基本概念★常见题型 表面粗糙度值；耐磨性；耐蚀性；疲劳强度

【知识要点二十一】 研具材料及研磨剂★常见题型 1）磨料；研磨液 2）煤油；汽油；L-AN15；L-AN32；工业用甘油

【知识要点二十二】 研磨要点★常见题型 旋转；轴线；往复

工具钳工——练习卷1

一、划线

1. 立体划线 2. 工序；单件；小批量 3. 点；线；面 4. 铸铁；精刨；刮削 5. $\phi3\sim\phi4$mm；15°~20° 6. 圆；圆弧；等分线段；等分角度 7. 平行线；垂直线；垂直 8. 钢直尺；底座 9. 工具钢；60° 10. 清理；擦拭干净；全损耗系统用油

二、錾削

1. 头部；切削部分；錾身；锥度 2. 前刀面；后刀面；切削刃 3. 阔錾；窄錾；油槽錾；扁冲錾 4. 锤头；木柄；楔子 5. 崩裂；10~15mm；调头 6. 0.5~2mm；尖錾；凸起部分 7. 錾子刃口崩裂；錾子刃口卷边；錾削超越尺寸线；工件棱边、棱角崩缺；錾削表面凹凸不平 8. 两边向中间錾；崩裂

三、锯削

1. 0.2mm 2. 锯弓；锯条 3. 夹持锯条；固定式；可调式 4. 稳当；牢固；不可动弹 5. 碳素工具钢；合金钢；热处理 6. 软硬；尺寸；形状；表面质量 7. 翼形螺母；太紧；太松 8. 太短；2/3 9. 20~40次/min；快些；慢些 10. 右手；左手；右手

四、锉削

1. 尺寸；形状；位置；表面粗糙度 2. 錾；锯；0.01mm；Ra 0.8μm 3. 锉身；锉柄 4. 单齿纹；双齿纹 5. 修整工件细小部分的表面 6. 每10mm轴向长度 7. 40次/min；稍慢；稍快 8. 顺向锉；交叉锉；推锉 9. 顺着圆弧面锉削；横着圆弧面锉削 10. 嘴；毛刷

五、孔加工

1. 柄部；颈部；工作部分 2. 主切削刃；后角 3. 减短横刃；1/3~1/5 4. 主切削刃；副切削刃；耐用度 5. 进给量；切削速度；切削深度 6. 表面粗糙度；耐用度 7. 小一些；大一些 8. 2~3倍；1/3~1/2 9. 1:50；圆锥销 10. 铰削余量；切削速度；进给量

六、螺纹加工

1. 内螺纹；工作部分；柄部 2. 夹持丝锥；普通铰杠；丁字形铰杠 3. 1/2~1；1/4~1/2 4. 套螺纹 5. 圆螺母；排屑孔 6. 垂直；轴向压力；要慢；要大

七、刮削

1. 切削量小；切削力小、产生热量小、装夹变形小 2. 粗刮；细刮；精刮；刮花 3. 内圆柱面；内圆锥面；球面 4. 平面刮刀；曲面刮刀 5. 显示剂；位置；大小 6. 蓝粉；蓖麻油；全损耗系统用油；深蓝色 7. 手推式刮法；挺刮式刮法 8. 刮削质量

八、研磨

1. 减小表面粗糙度值；能达到精确的尺寸精度；能改进工件的几何形状 2. 0.002mm；

0.005～0.030mm 3. 灰铸铁；球墨铸铁；软钢；铜 4. 粒度；两种 5. 氧化物磨料；碳化物磨料；金刚石磨料 6. 直线往复式；直线摆动式；螺旋式；8 字形或仿 8 字形式 7. 100r/min；50r/min 8. 40～60 次/min；20～40 次/min

工具钳工——练习卷 2

一、填空题

1. 三个 2. 20～40 次 3. 臂挥 4. 主锉纹 5. 大于 6. 每 10mm 轴向长度内；主要切削作用；辅助齿纹 7. 长刮 8. 加工表面质量；生产率 9. 摩擦；温度 10. 三角刮刀；柳叶刮刀；蛇头刮刀

二、判断题

1. √ 2. × 3. √ 4. √ 5. × 6. × 7. √ 8. √ 9. × 10. × 11. × 12. √ 13. √ 14. √ 15. √ 16. √ 17. × 18. × 19. √ 20. ×

三、选择题

1. A 2. C 3. B 4. B 5. A 6. C 7. C 8. D 9. C 10. C

四、简答题

1. 划线的作用有以下四点。

1）确定工件上的加工余量，使机械加工有明确的尺寸界限。

2）便于复杂工件在机床上的装夹，可以按划线找正、定位。

3）能够及时发现和处理不合格的毛坯，避免加工后造成损失。

4）采用借料划线可以使误差不大的毛坯得到补救，使加工后的零件仍能符合要求。

2. 常见的尺寸基准有以下三种。

1）以两个互相垂直的平面为基准。

2）以一个平面和一条中心线为基准。

3）以两条互相垂直的中心线为基准。

3. 工件的夹持有如下要求。

1）工件的夹持应该稳当、牢固、不可动弹。

2）工件一般应夹在台虎钳的左面，以便操作。

3）工件伸出钳口不应过长，防止工件在锯削时产生振动。

4）锯缝线要与钳口侧面保持平行，便于控制锯缝不偏离划线线条，对较大工件的锯削，无法夹在台虎钳上时，可以在原地进行锯削。

4. 铰削余量是上道工序完成后留下的直径方向的加工余量。铰削余量留得太多，孔铰不光，铰刀容易磨损，只能增加铰削次数，降低生产率，同时，工件尺寸降低，表面粗糙度值增大；铰削余量留得太小，不能去掉上道加工留下的刀痕，不能达到铰孔的要求。

工具钳工——复习卷

一、填空题

1. 圆形 2. 后角太大 3. 倾斜、有规律 4. 软；硬 5. 清晰；尺寸准确 6. 强度；较小 7. 钻；扩；锪；铰 8. 中径；小径；长度；主偏角 9. 美观；润滑条件 10. 手工与机器

二、判断题

1. √ 2. √ 3. × 4. × 5. √ 6. × 7. √ 8. × 9. × 10. √ 11. √ 12. × 13. × 14. × 15. ×

三、选择题

1. A 2. B 3. A 4. C 5. B 6. C 7. A 8. A 9. A 10. B

四、简答题

1. 大锉刀的握法：右手握着锉刀柄，柄端顶在拇指根部的手掌上，大拇指放在锉刀头上，自然伸直，其余四指弯向手心，中指和无名指捏住前端，食指、小指自然收拢；锉削时右手推动锉刀并决定推动方向，左手协调右手使锉刀保持平衡。

2. 刮削时，显示剂的使用注意事项如下。

1）显示剂在使用过程中必须保持清洁干净，不能混进沙粒、铁屑和其他污物，以免把工件表面划伤，因此装显示剂的器皿应有盖子，以保持显示剂的清洁和防止挥发。

2）涂红丹粉用的棉布团或羊毛毡必须干净，涂抹时应均匀，才能显示真实的贴合情况。

3. 划线涂料有以下三种类型。

1）石灰水，适用于大中型铸件、锻件毛坯。

2）蓝油，适用于已加工表面。

3）硫酸铜溶液，适用于形状复杂的工件或已加工表面。

工具钳工——测验卷 1

一、填空题

1. 中心；底面 2. 正面起錾；斜角起錾；斜角起錾 3. 基面；切削平面；垂直 4. 大；中；镗 5. 连接；传动 6. 0.1～1.6μm；0.012μm 7. 500h 8. 灰铸铁 9. 60° 10. 研磨

二、判断题

1. √ 2. × 3. √ 4. × 5. √ 6. √ 7. × 8. × 9. × 10. √

三、选择题

1. A 2. C 3. A 4. A 5. B 6. B 7. B 8. A 9. A 10. C 11. A 12. B 13. C 14. B 15. C

四、简答题

1. 锉刀的选用原则：锉刀的形状根据要加工工件的形状确定；锉刀的规格根据加工表面的大小及加工余量的大小来决定；锉齿的粗细根据工件的加工余量、尺寸精度、表面粗糙度和材质决定。加工余量大、加工精度低、表面粗糙度值大的工件选择粗齿锉；加工余量小、加工精度高、表面粗糙度值小的工件选择细齿锉。材质软，选粗齿锉刀，反之选细齿锉刀。

2. 锯条在制造时，锯齿按一定的规律左右错开，并排成一定的形状称为锯路。锯路有交叉形和波浪形两种。锯路的形成，能使锯缝的宽度大于锯条的厚度，使得锯条在锯削时不会被锯缝夹住，以减少锯缝与锯条之间的摩擦，减轻锯条的发热与磨损，延长锯条的使用寿命，提高锯削的效率。

3. 1）修磨横刃，使其长度减小，并加大修磨处的前角。2）将主切削刃中间至钻芯的一段磨成圆弧刃，以加大该段切削刃的主偏角和前角，使切削力降低。3）在主切削刃上磨出分屑槽，使切削刃分段切削。

工具钳工——测验卷2

一、填空题

1. 三个　2. 锯齿形　3. 原始　4. 稍低于　5. 稍高　6. 抖动；发热；定心作用；稳定性；改善　7. 左旋；右旋　8. 半成品；多余的部分；锯出沟槽　9. 轴；一根标准检验棒　10. 交点方向；立直打一下

二、判断题

1. ×　2. √　3. √　4. ×　5. √　6. ×　7. ×　8. ×　9. ×　10. √

三、选择题

1. B　2. A　3. B　4. C　5. A　6. C　7. B　8. B　9. A　10. B　11. C　12. D　13. B　14. B　15. B　16. A　17. B　18. B　19. A　20. C　21. D　22. B　23. D　24. A　25. A　26. A　27. A　28. C

四、简答题

1. 铰孔时造成孔扩大的原因如下。

1）进给量与铰削余量过大。

2）铰刀与孔的中心不重合，铰刀偏摆过大。

3）切削速度太高，使铰刀温度上升，直径增大。

4）铰刀直径不符合要求。

2. 常用的磨料一般有以下三种。

1）氧化物磨料，有粉状和块状两种，主要用于研磨碳素工具钢、合金工具钢、高速钢及铸铁。

2）碳化物磨料，呈粉状，硬度比氧化物磨料高，常用于研磨氧化物磨料无法研磨的高硬度材料，如硬质合金、陶瓷与硬铬等。

3）金刚石磨料，有人造和天然两种，切削能力比氧化物、碳化物磨料都高，研磨质量也好，但由于价格昂贵，通常只用于研磨硬质合金、人造金刚石、硬铬等各种高硬度材料。

3. 要做好借料划线，首先要知道待划毛坯误差程度，对于借料的工件，要详细地测量，根据工件各加工面的加工余量判断能否借料。若能借料，先确定需要借料的方向和大小，然后从基准出发开始逐一划线。若发现某一加工面余量不足，则再次借料，重新划线，直到加工面都有允许的最小加工余量为止。

单元三　装配钳工

知识要点和分析

【知识要点一】　装配的概念、装配组织形式及工艺过程★常见题型　D

【知识要点二】　装配前的零件处理★常见题型　B

【知识要点三】　装配常用工具★常见题型　C

【知识要点四】　旋转件的不平衡形式和平衡方法★常见题型　A

【知识要点五】　尺寸链★常见题型　C

【知识要点六】　螺纹连接的装配★常见题型　固定连接；结构简单；连接可靠；装拆方便

【知识要点七】 键连接的装配★常见题型 B
【知识要点八】 销连接的装配★常见题型 A
【知识要点九】 过盈连接的装配★常见题型 D
【知识要点十】 带传动机构的装配★常见题型 1）C 2）D
【知识要点十一】 齿轮传动机构的装配★常见题型 A
【知识要点十二】 滑动轴承的装配★常见题型 C
【知识要点十三】 滚动轴承的装配★常见题型 A
【知识要点十四】 轴组的装配★常见题型 D

装配钳工——练习卷1

一、装配工艺概述

1. 主要部件；主要组件；部件；组件 2. 生产实践；科学实验；必要措施；重要依据 3. 部件装配；总装配 4. 喷漆；涂油；装箱 5. 过长；灰尘；油污 6. 精密零件；一般零件；较小零件；较大零件 7. 泄漏；密封性 8. 气压法；液压法

二、装配常用工具

1. 宽度 2. 六角形；四方头；单头；双头 3. 操作空间狭小；比较隐蔽 4. M4～M30 5. 装拆弹性挡圈；轴用；孔用 6. 单相；三相 7. 1min 8. 高速旋转；修理；修磨；除锈

三、旋转件的平衡

1. 转速较高；长径比较大 2. 静不平衡；动不平衡 3. 圆柱式平衡架；菱形平衡架 4. 离心力；离心力所形成的力矩 5. 弹性支梁式动平衡机；框架式动平衡机；电子动平衡机 6. 离心力；振动；工作精度；使用寿命

四、尺寸链的概念

1. 尺寸链 2. 零件尺寸链；工艺尺寸链；装配尺寸链 3. 封闭性；关联性 4. 减环；增环 5. 平面尺寸链 6. 工序尺寸；定位尺寸；基准尺寸

五、固定连接的装配

1. 螺纹连接；键连接；销连接；过盈连接 2. 控制转矩法；控制螺栓伸长法；控制螺母扭角法；扭断螺母法；加热拉伸法 3. 摩擦防松；机械防松；破坏螺旋副运动关系防松 4. 用长螺母拧紧；用两个螺母拧紧；用专用工具拧紧 5. 松键连接；紧键连接；花键连接 6. 圆形；方形 7. 圆柱形；圆锥形 8. 对中性；承载能力；加工要求高 9. 过盈量小 10. 矩形花键；渐开线花键；三角形花键

六、传动机构的装配

1. *Ra*1.6μm；打滑；磨损 2. 初拉力；根数 3. 径向圆跳动量；轴向圆跳动量 4. 调整中心距；使用张紧轮 5. 外侧；小；包角；传动能力 6. 啮合 7. 过渡配合；过盈配合 8. 齿轮副的侧隙；齿轮接触斑点；齿轮接触斑点位置 9. 压铅丝法 10. 分度圆；对称分布

七、轴承和轴组的装配

1. 轴承 2. 滑动轴承；滚动轴承 3. 台肩；定位销 4. 尺寸的大小；过盈量 5. 锤击法；用螺旋或杠杆压力机压入法；热装法 6. 径向游隙；轴向游隙 7. 刚度；旋转精度 8. 轴组 9. 两端单向固定；一端双向固定 10. 类型；型号

装配钳工——练习卷2

一、填空题

1. 活扳手；固定钳口 2. 保证有足够的拧紧力矩；有可靠的防松装置 3. 机械 4. 120° 5. 螺钉组；可靠；装拆不便 6. 侧面；普通平键；导向平键；半圆键 7. 过载保护；中心距；不准确；低；短 8. 1∶50 9. 5°~10°；30°~45° 10. 带的定期张紧；带的自动张紧

二、判断题

1. √ 2. √ 3. × 4. √ 5. × 6. √ 7. × 8. √ 9. × 10. × 11. √ 12. × 13. √ 14. × 15. ×

三、选择题

1. A 2. A 3. C 4. C 5. B 6. A 7. A 8. B 9. D 10. B 11. C 12. D 13. A 14. B 15. C

四、简答题

1. 螺纹连接装配的注意事项如下。

1）螺纹连接装配时应检查零件是否合格。

2）要求使用的垫圈不能减少。

3）螺纹连接的拧紧力或预紧力不能太大或太小。

4）成组螺栓或螺母拧紧时拧紧顺序不能混乱。

5）螺钉连接不宜用在需要经常装拆的场合。

6）螺纹连接的支承面不宜偏斜，应保持接触良好。

7）工作中有冲击、振动的螺纹连接必须增加防松装置。

2. 齿轮传动机构装配的技术要求如下。

1）要保证齿轮与轴的同轴度要求，严格控制齿轮的径向圆跳动和轴向窜动。

2）保证相互啮合的齿轮之间有准确的中心距和适当的齿侧间隙。

3）保证齿轮啮合时有一定的接触斑点和正确的接触位置。

4）保证滑移齿轮在轴上滑移时具有一定的灵活性和准确的定位位置。

5）对转速高、直径大的齿轮，装配前要进行平衡试验，以免工作时产生较大的振动。

装配钳工——复习卷

一、填空题

1. 摩擦力 2. 长度尺寸链；角度尺寸链；组合形式的尺寸链 3. 轴；轴上；周向固定 4. 静连接；动连接 5. 包容件；被包容件；过盈值 6. 铜棒；80~100℃ 7. 百分数 8. 0.1mm；温差；压入装配 9. 箭头；反向 10. 偏斜；良好

二、判断题

1. √ 2. √ 3. √ 4. × 5. × 6. √ 7. × 8. √ 9. × 10. × 11. × 12. √ 13. × 14. × 15. ×

三、选择题

1. A 2. B 3. A 4. C 5. B 6. B 7. A 8. D 9. C 10. A 11. B 12. B 13. D 14. D 15. C

四、简答题

1. 花键连接装配的技术要求如下。

1）固定连接的花键，当过盈量较小时，可用铜棒轻轻打入，对于过盈量较大的连接，可将套件加热至80～100℃后进行装配。

2）活动的花键连接应保证精确的间隙配合，使套件在轴上滑动自如，但用手摇动套件时不应感觉到间隙。

3）对于经过热处理的花键孔，当孔径缩小时，可用花键推刀修整花键孔后进行装配。

4）装配前应对孔和轴进行清理。

2. 静平衡的原理：在旋转件较轻的一边附加重量（配重法）或在较重的一边通过钻、铣等机械加工方法以减轻重量（去重法）而使零件恢复平衡的办法即静平衡。
静平衡的作用：平衡或消除旋转体运转时产生的离心力，以减少机器的振动，改善轴承受力的情况，提高机器工作精度和延长使用寿命。

装配钳工——测验卷1

一、填空题

1. 方形；六角形；梅花扳手 2. 楔键连接；上表面；1∶100 3. 小；大；大 4. 径向圆跳动；轴向圆跳动 5. 游标卡尺；计算 6. 内圈；外圈；滚动体；保持架 7. 松圈；紧圈；装反；卡死 8. 侧隙 9. 内侧 10. 制造误差；安装误差；载荷分布

二、判断题

1. × 2. √ 3. √ 4. √ 5. √ 6. × 7. √ 8. √ 9. × 10. × 11. × 12. × 13. × 14. √ 15. ×

三、选择题

1. A 2. B 3. B 4. B 5. B 6. A 7. C 8. A 9. C 10. D 11. B 12. C 13. D 14. C 15. C

四、简答题

1. 剖分式滑动轴承装配时应注意下列问题。

1）上、下轴瓦与轴承座、轴承盖应有良好的接触，同时轴瓦的台肩紧靠座孔的两端面。

2）轴瓦在机体中，除了轴向依靠台肩固定外，周向也应固定，周向固定常用定位销固定。

3）为了提高配合，轴承孔应进行配刮，配刮多采用与其相配的轴研点。

2. 尺寸链具有以下特性。

1）封闭性，由于尺寸链是封闭的尺寸组，因而它是由一个封闭环和若干个相互连接的组成环所构成的封闭图形，不封闭就不成为尺寸链。

2）关联性，由于尺寸链具有封闭性，所以尺寸链中的封闭环随任一组成环变动而变动。

装配钳工——测验卷2

一、填空题

1. 棱边 2. 2 3. 大径定心 4. ≤1mm 5. 准确性 6. 轴线歪斜且不同面 7. 增 8. 呆扳手；可靠 9. 1min 10. 补偿环

二、判断题

1. × 2. √ 3. × 4. √ 5. √ 6. × 7. × 8. √ 9. √ 10. × 11. √ 12. × 13. √ 14. × 15. √

三、选择题

1. B 2. A 3. A 4. A 5. C 6. B 7. C 8. B 9. C 10. B 11. D 12. D 13. C 14. C 15. B 16. D 17. D 18. C 19. A 20. A 21. A 22. B 23. C 24. C 25. D 26. B 27. D 28. D 29. A 30. A

四、简答题

1. 密封性试验有气压法和液压法两种。

1）气压法操作方法：试验前，先将零件各孔用压盖或螺塞进行密封；然后，将密封零件浸入水中；最后，向零件内充入压缩空气。

2）液压法操作方法：试验前，两端装好密封圈和端盖，并用螺钉紧固，各螺孔用锥形螺塞拧紧，装上管接头并与手动液压泵接通；然后，用手动液压泵将油液注入阀体空腔内，并使油液达到技术要求所规定的试验压力。

2. 常用钳子分类如下。

1）钢丝钳，主要用来夹持或弯折金属件、剪断金属丝，其主要规格为160mm、180mm和200mm。

2）尖嘴钳和弯嘴钳，用于狭窄空间夹持零件。

3）挡圈钳，用于装拆弹性挡圈，分为轴用和孔用两种。

单元四 机修钳工

知识要点和分析

【知识要点一】 设备修理的基本概念★常见题型 日常保养；一级保养；二级保养

【知识要点二】 设备拆卸的基本知识★常见题型 B

【知识要点三】 带传动机构的修理★常见题型 百分表；径向圆跳动

【知识要点四】 链传动机构的修理★常见题型 节距；更换新的链条和链轮

【知识要点五】 齿轮传动机构的修理★常见题型 焊接；铆接

【知识要点六】 轴承的修理★常见题型 C

【知识要点七】 机床常见故障及排除★常见题型 C

机修钳工——练习卷1

一、设备修理的基本知识

1. 日常检查；定期检查；机能检查；精度检查 2. 维修；小修；中修；大修 3. 修理前准备；零部件的拆卸；修理工作；装配和试车验收 4. 结构特点；击卸法；拉拔法；顶压法；温差法；破坏法 5. 检查；空运转试车；负荷试验 6. 拔销器；顶拔器；损坏零件；精度较高 7. 包容件；被包容件 8. 变形；碰伤；降低精度

二、传动机构的修理

1. 矫直；更换新轴 2. 允许值；松紧不一 3. 链条拉长；链和链轮磨损；链轮轮齿折断；链条折断 4. 中心距 5. 困难；较高；堆焊；镶齿 6. 下垂；抖动；掉链

三、轴承的修理

1. 磨损；烧熔；剥落；裂纹 2. 垫片厚度 3. 瓦块；不少于70% 4. 精密；摩擦阻力小；效率高；轴向尺寸小；维护简单；互换性强 5. 工作游隙增大；麻点；凹坑；裂纹 6. 过小；润滑不良；清洗和润滑

四、机床常见故障及排除

1. 60℃；30℃；70℃；40℃ 2. 频率；85～90dB 3. 轴向间隙；窜动量 4. 弯曲；啮合不良 5. 8～24h 6. 不合格；不同轴；接触不好；磨损；过紧或过松

机修钳工——练习卷2

一、填空题

1. 轴向 2. 准备；部件；总；调整；试运转 3. 滑动；滚动；静压 4. 弯曲；扭转；延伸 5. 击卸法；拉拔法；顶压法；温差法；破坏法 6. 弹簧 7. 直线 8. 轴向窜动 9. 几何精度；表面粗糙度；螺纹的螺距精度 10. 大

二、判断题

1. × 2. √ 3. √ 4. × 5. × 6. × 7. √ 8. × 9. √ 10. √ 11. √ 12. × 13. × 14. √ 15. √

三、选择题

1. A 2. B 3. A 4. D 5. C 6. C 7. B 8. D 9. A 10. C 11. B 12. A 13. D 14. D 15. C

四、简答题

1. 滚动轴承常见的故障、产生原因及修理方法如下。

1）轴承工作时发出不规则的声音，原因是可能有杂物进入轴承，应及时清洗并进行润滑。

2）轴承工作时发出冲击声，原因是滚动体或轴承圈有破裂现象，应及时更换新轴承。

3）轴承工作时发出尖锐哨声，原因是轴承间隙过小或润滑不良，应及时调整间隙，并对轴承进行清洗和润滑。

4）轴承工作时发出轰鸣声，原因是轴承内、外圈严重磨损而剥落，应更换新轴承。

2. 机床液压系统产生噪声的原因及其消除办法如下。

1）液压泵或马达产生噪声，应修理或更换液压泵。

2）控制阀故障引起的噪声，应修理或调整系统。

3）机械振动引起噪声，应消除或控制振动源。

4）泄漏引起噪声，应找出泄漏部位，紧固或进行修配。

机修钳工——复习卷

一、填空题

1. 过盈配合 2. 精度 3. 项目性修理 4. 加工精度 5. 优于 6. 串联系统 7. 可靠性 8. 平行度 9. 接通；断开 10. 压力；方向；流量

二、判断题

1. × 2. × 3. √ 4. √ 5. × 6. × 7. √ 8. √ 9. × 10. × 11. × 12. √ 13. × 14. √ 15. ×

三、选择题

1. D 2. C 3. C 4. B 5. C 6. C 7. D 8. C 9. A 10. D 11. C 12. C 13. D 14. D 15. D

四、简答题

1. 数控机床出现切削振动大的原因及处理方法。

1）主轴箱和床身连接螺钉松动，应恢复精度后紧固连接螺钉。

2）轴承预紧力不够、游隙过大，应重新调整轴承游隙，但预紧力不宜过大，以免损坏轴承。

3）轴承预紧螺母松动，但主轴窜动，应紧固螺母，以确保主轴精度合格。

4）轴承拉毛或损坏，应更换轴承。

5）主轴与箱体精度超差，应修理主轴或箱体，使其配合精度、几何精度达到图样上的要求。

2. 大型设备大修理时的注意事项如下。

1）零部件的修理应严格按照修理工艺进行，达到几何精度要求。

2）零部件在组装前必须做好细致的检查工作，保证组装的完整性、可靠性。

3）零部件在组装前必须做好起吊等安装的准备工作，准备好起吊的钩具、绳索、辅具等，做好安全防范工作。

4）在大型设备修理前要合理安排工作进度、人员的组织、备配件及材料的供应，一般都要排出作业计划。

5）零部件的组装和总装，要做到一次装配成功、一次精度验收成功、一次试车成功，减少或消除因各种失误造成的返工、拆卸、重新装配。

机修钳工——测验卷

一、填空题

1. 润滑油液；杂质 2. 日常维护保养；一级保养；二级保养 3. 坚实；变形；测量精度 4. 量具；几何精度；位置精度 5. 边缘；外；里 6. 圆跳动 7. 自然磨损；事故磨损 8. 外；内；上；下 9. 轻；快；一；交叉 10. 模数；压力角

二、判断题

1. √ 2. √ 3. √ 4. × 5. √ 6. × 7. √ 8. √ 9. √ 10. × 11. √ 12. × 13. × 14. √ 15. ×

三、选择题

1. C 2. D 3. B 4. A 5. C 6. C 7. B 8. A 9. C 10. C 11. D 12. D 13. C 14. D 15. D

四、简答题

1. 相同点：联轴器和离合器通常用于连接两轴，使它们一起旋转并传递转矩。不同点：联轴器只有在机器停转时，用拆卸方法才能把两轴分开；而离合器则可以在机器运转时，通过操作系统随时接合和分离两轴。

2. 滚动轴承预紧的目的是减少轴承的游隙，降低由此产生的振动，提高轴承的刚度，从而使机器的工作效率和寿命得到提高。

第二部分　统测过关

统测总复习卷

钳工入门知识

一、填空题

1. 固定式；回转式　2. 外径千分尺；内径千分尺；深度千分尺；外径千分尺　3. 加接长杆　4. mm　5. 量取工具；导向工具　6. 锻造；铸造；焊接　7. 侧面或斜侧面　8. 加工零件　9. 3mm　10. *Ra*；μm　11. 定位　12. 左；右　13. 最小　14. 切削速度；切削深度；进给量　15. 台虎钳

二、判断题

1. √　2. √　3. ×　4. ×　5. ×　6. ×　7. √　8. √　9. √　10. ×

三、选择题

1. A　2. B　3. B　4. C　5. C　6. C　7. B　8. B　9. A　10. C　11. D　12. B　13. D　14. B　15. B

四、简答题

1. 钳工必须掌握划线、錾削、锯削、锉削、钻孔、扩孔、锪孔、攻螺纹和套螺纹、矫正和弯曲、铆接、刮削、研磨、装配和调试、测量和简单的热处理等基本操作。

2. 钳工工种可分为普通钳工、机修钳工、工具钳工三种。普通钳工主要从事机器或部件的装配、调整工作和一些零件的加工工作。机修钳工主要从事各种机械设备的维护和修理工作。工具钳工主要从事工具、模具、刀具的制造和修理。

3. 使用外径千分尺的注意事项如下。

1）外径千分尺的测量面与工件的被测量面应保持干净。

2）使用前必须用标准卡规校准尺寸。

3）测量时，先转动微分筒，当测量面接近零件时，改用测力装置，直到棘轮发出嗒嗒声为止。

4）测量时，外径千分尺要放正，保持被测面与外径千分尺测量面接触良好。

工具钳工

一、填空题

1. 钳工锉；异形锉；整形锉　2. 40 次/min　3. 40 次/min　4. 板牙；板牙架　5. 细齿　6. 大于　7. 0.02mm　8. 全剖视；半剖视；局部剖视　9. 系统；随机　10. 0°；40°

二、判断题

1. ×　2. ×　3. ×　4. ×　5. ×　6. ×　7. √　8. ×　9. ×　10. ×　11. ×　12. √　13. √　14. √　15. ×　16. √　17. √　18. √　19. √　20. ×

三、选择题

1. B 2. D 3. C 4. C 5. A 6. B 7. B 8. C 9. A 10. B 11. B 12. B 13. C 14. B 15. B 16. C 17. D 18. B 19. B 20. D

四、简答题

1. （1）丝杠；（2）活动钳身；（3）钳口；（4）固定钳身；（5）螺母；（6）手柄；（7）夹紧盘；（8）转座；（9）销钉；（10）挡圈；（11）弹簧；（12）手柄。

2. 钻 ϕ3mm 小孔时必须掌握以下几点：选用精度较高的钻床，钻头装夹后与钻床主轴的同轴度误差要小；选用较高的转速，高速钢麻花钻钻削中，高碳钢的最佳切削速度范围为 20～25m/min；开始时进给量小，以防钻头折断，通常采用钻模钻孔，也可先钻中心孔后再钻削；需退钻排屑，并在空气中冷却或输入切削液。

3. 大型工件划线时，合理选定第一划线位置的目的是提高划线质量和简化划线过程。一般原则如下。

1）尽量选定划线面积较大的位置作为第一划线位置，即让工件的大面与划线平板工作面平行，这样可把与大面平行的线先划出，因为校正工件时，校大面比校小面准确。

2）应尽量选定精度要求较高的面或主要加工面作为第一划线位置，这是为了保证有足够的加工余量，经加工后便于达到设计要求。

3）应尽量选定复杂面上，需要划线较多的一个位置作为第一划线位置，以便于全面了解和校正，并能划出大部分的加工线。

4）应尽量选定工件上平行于划线平板工作面的加工线作为第一划线位置，这样可提高划线质量并简化划线过程。

4. 安装锯条时松紧要控制适当，太紧使锯条受力太大，在锯削时锯条中稍有卡阻而受到弯折时就容易崩断；太紧则锯削时锯条容易扭曲，也很可能折断，而且锯缝容易发生歪斜。

锯条过早磨损的原因如下。

1）锯削速度太快，锯条发热过度。

2）锯削较硬的材料时没有采取冷却或润滑措施。

3）锯削硬度太高的材料。

装配钳工

一、填空题

1. 带有一定的过盈；留有一定的间隙 2. 外圈；内圈；滚动体；保持架 3. 打入或打出；压入或压出；热装或冷装 4. 机械防松 5. 滚动轴承与轴；外圈与轴承座的孔 6. 轴向 7. 固定；活动 8. 结构特点；零件；组件；部件 9. 完全互换法；选配法；调整法；修配法 10. 带传动；链传动；齿轮传动；齿轮齿条传动；蜗杆传动；螺旋传动

二、判断题

1. √ 2. √ 3. × 4. × 5. √ 6. × 7. × 8. × 9. × 10. √ 11. × 12. √ 13. √ 14. √ 15. ×

三、选择题

1. C 2. D 3. A 4. C 5. C 6. A 7. B 8. A 9. C 10. B 11. A 12. B 13. C 14. A 15. C 16. A 17. B 18. B 19. C 20. A 21. B 22. D 23. B 24. A 25. C

四、简答题

1. 修配法装配有如下特点。

1）使零件的加工精度要求降低。

2）不需要高精度的加工设备，节省机械加工时间。

3）装配工作复杂化，装配时间增加，适于单件、小批生产或成批生产精度高的产品。

2. 零件在装配过程中的清理和清洗工作包括以下三个方面。

1）装配前要清除零件上残余的型砂、铁锈、切屑、研磨剂、油污等。

2）装配后必须清除装配中因配作钻孔、攻螺纹等补充加工所产生的切屑。

3）试运转后，必须清洗因摩擦而产生的金属微粒和污物。

3. 如果底孔直径等于螺孔小径，那么攻螺纹时的挤压作用，会使螺纹牙顶和丝锥牙底之间没有足够的间隙，丝锥易被箍住，给继续攻螺纹造成困难，直至折断丝锥。

4. 圆柱销连接的装配技术要求如下。

1）保证销与销孔正确配合。

2）保证销孔中心重合，通常两孔应同时钻、铰，并使孔壁表面粗糙度值在 *Ra*3.2μm 以下。

3）装配时，在销子上涂以机油，用铜棒垫在销子端面上，把销子打入孔中。

机修钳工

一、填空题

1. 几何精度；表面粗糙度；螺纹的螺距精度 2. 熔断器；热继电器 3. 弯曲；扭转；延伸 4. 直线 5. 大 6. 轴向窜动 7. 弹簧 8. 补偿 9. 准备；部件；总；调整；试运转 10. H7/k6

二、判断题

1. × 2. × 3. × 4. √ 5. × 6. √ 7. × 8. × 9. √ 10. × 11. √ 12. √ 13. × 14. √ 15. × 16. √ 17. √ 18. √ 19. × 20. √

三、选择题

1. C 2. C 3. C 4. C 5. B 6. A 7. C 8. C 9. A 10. C 11. A 12. D 13. C 14. B 15. A 16. D 17. A 18. A 19. A 20. A 21. A

四、简答题

1. 产生噪声的原因及其消除办法如下。

1）液压泵或液压马达产生噪声，应修理或更新液压泵。

2）控制阀故障引起的噪声，应修理或调整控制系统。

3）机械振动引起噪声，应消除或控制振动源。

4）泄漏引起噪声，应找出泄漏部位，紧固或进行修配。

2. 液压系统爬行的因素如下。

1）空气进入系统，引起系统低速爬行。

2）油液不干净。

3）导轨润滑方面有问题。

4）液压缸安装与导轨不平行。

5）液压元件故障。

6）回油的背压问题。

3. 滚动轴承实现轴向预紧的方法有四种。

1）修磨垫圈厚度。

2）调节内、外隔圈厚度。

3）弹簧的弹力。

4）磨窄成对使用的轴承内圈或外圈。

4. 机械设备拆卸时，应该按照与装配时相反的顺序和方向进行；一般按“从外部到内部；从上部到下部；先拆成组件或部件，再拆零件”的原则进行。

统测模拟试卷1

一、选择题

1. B 2. A 3. C 4. A 5. A 6. B 7. B 8. D 9. C 10. A 11. B 12. B 13. B 14. A 15. B 16. B 17. A 18. A 19. B 20. A 21. A 22. C 23. C 24. B 25. B 26. C 27. B 28. A 29. C 30. B 31. B 32. C 33. D 34. B 35. B 36. A 37. C 38. B 39. C 40. A 41. A 42. B 43. B 44. A 45. C 46. A 47. B 48. B 49. A 50. C 51. C 52. B 53. C 54. B 55. B 56. D 57. C 58. A 59. A 60. B 61. C 62. C 63. B 64. B 65. B 66. C 67. D 68. C 69. A 70. C 71. B 72. B 73. C 74. A 75. C 76. A 77. A 78. D 79. A 80. C

二、判断题

81. × 82. × 83. × 84. √ 85. × 86. × 87. √ 88. × 89. √ 90. × 91. √ 92. √ 93. × 94. √ 95. × 96. × 97. × 98. √ 99. √ 100. √

统测模拟试卷2

一、选择题

1. B 2. A 3. D 4. C 5. C 6. B 7. D 8. A 9. B 10. C 11. A 12. C 13. C 14. D 15. D 16. A 17. C 18. B 19. A 20. B 21. D 22. B 23. D 24. B 25. A 26. A 27. C 28. D 29. C 30. D 31. C 32. D 33. D 34. C 35. C 36. C 37. D 38. C 39. A 40. B 41. A 42. C 43. B 44. A 45. D 46. A 47. C 48. A 49. D 50. B 51. B 52. D 53. B 54. A 55. B 56. D 57. C 58. A 59. D 60. B 61. B 62. D 63. A 64. D 65. D 66. C 67. D 68. B 69. C 70. A 71. B 72. D 73. A 74. B 75. C 76. D 77. C 78. C 79. C 80. C

二、判断题

81. × 82. √ 83. × 84. × 85. √ 86. √ 87. √ 88. √ 89. × 90. √ 91. √ 92. × 93. √ 94. × 95. × 96. √ 97. × 98. √ 99. × 100. √

统测模拟试卷3

一、选择题

1. A 2. B 3. B 4. B 5. D 6. A 7. B 8. D 9. B 10. C 11. D 12. A 13. B 14. B

15. B 16. B 17. D 18. A 19. B 20. B 21. B 22. D 23. C 24. A 25. C 26. D 27. A 28. D 29. B 30. B 31. B 32. A 33. B 34. B 35. A 36. D 37. C 38. A 39. C 40. B 41. D 42. B 43. D 44. C 45. A 46. D 47. D 48. A 49. B 50. B 51. D 52. B 53. C 54. B 55. C 56. B 57. A 58. B 59. C 60. B 61. B 62. C 63. A 64. D 65. A 66. B 67. A 68. A 69. A 70. B 71. B 72. C 73. C 74. D 75. D 76. C 77. C 78. D 79. D 80. C

二、判断题

81. √ 82. √ 83. √ 84. √ 85. √ 86. √ 87. × 88. √ 89. × 90. √ 91. × 92. × 93. √ 94. √ 95. × 96. √ 97. × 98. × 99. × 100. ×

第三部分 高职考试

阶段性测试1——钳工入门知识

一、填空题

1. 钳工 2. 工具钳工；装配钳工；机修钳工 3. 形状；尺寸 4. 万能量具；专用量具；标准量具 5. 台式钻床；立式钻床；摇臂钻床；台式钻床 6. 台虎钳；固定式；回转式 7. 游标卡尺；外径；孔径；长度；宽度；孔距 8. 结构简单；尺寸稳定；使用方便 9. 形状;位置误差 10. 0 级；1 级

二、选择题

1. B 2. C 3. B 4. D 5. C 6. D 7. A 8. D 9. C 10. D

三、判断题

1. × 2. × 3. √ 4. × 5. × 6. √ 7. √ 8. √ 9. × 10. √

四、简答题

1. 答案如图 4 – 1 所示。

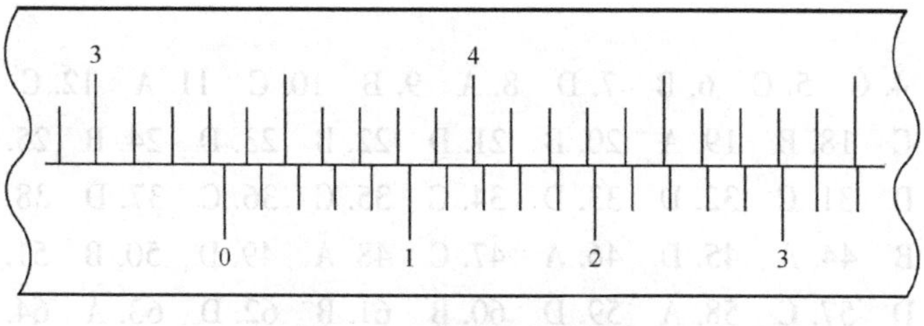

图 4 – 1 简答题 1 答案

2. 答案如图 4 – 2 所示。

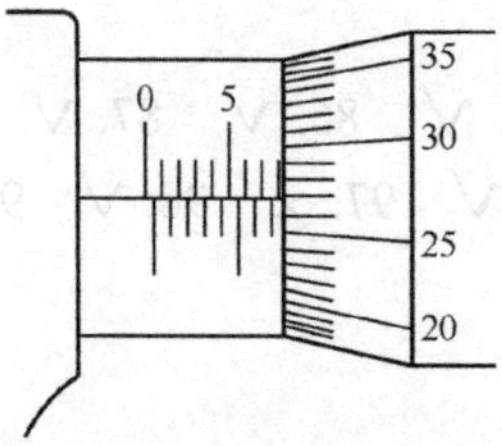

图 4 – 2 简答题 2 答案

3. 千分尺读法的三个步骤如下。

1）读出微分筒左侧露出部分在固定套管上的整毫米数和半毫米数。

2）看微分筒上哪一格与固定套管上基准线对齐，并读出不足半毫米的数。

3）把固定套筒和微分筒上的尺寸加起来即为测得的尺寸。

阶段性测试2——工具钳工

一、填空题

1. 划线 2. 平面划线；立体划线 3. 点；线；面 4. 前刀面；后刀面 5. 紧握法；松握法 6. 固定式；可调式 7. 腕挥；肘挥；臂挥 8. 钳工锉；异形锉；整形锉 9. 力；速度 10. 切削量小；切削力小；产生热量小；装夹变形小

二、选择题

1. C 2. A 3. B 4. A 5. A 6. B 7. B 8. C 9. B 10. C 11. C

三、判断题

1. √ 2. √ 3. √ 4. × 5. × 6. × 7. √ 8. × 9. √ 10. × 11. √

四、简答题

1. 划线基准一般可根据如下三种类型选择。

1）以两个相互垂直的平面（或线）为基准。

2）以两条相互垂直的中心线为基准。

3）以一个平面和与其垂直的中心线为基准。

2. 平面划线是指仅在工件的一个平面上进行划线；立体划线是指在工件的两个或两个以上平面进行划线。

3. 攻螺纹时造成螺纹表面粗糙的原因如下。

1）丝锥前、后面表面粗糙度值大。

2）丝锥前、后角太大。

3）丝锥已磨钝。

4）丝锥切削刃上黏有积屑瘤。

5）攻螺纹过程中，未采用合适的切削液。

6）切削拉伤螺纹表面。

4. 造成孔口扩大的主要原因如下。

1）研磨剂涂抹不均匀。

2）研磨时孔口挤出的研磨剂未及时擦去。

3）研磨棒伸出太长。

4）研磨棒与工件孔之间的间隙太长，研磨时研具对工件孔的径向摆动太大。

阶段性测试3——装配钳工

一、填空题

1. 装配 2. 环，封闭环；组成环；增环；减环；补偿环 3. 螺纹连接；键连接；销连接 4. 两端单向固定；一端双向固定 5. 较大；旋转精度 6. 内圈；外圈；滚动体；保持架 7. 压铅丝法 8. 运动；转矩 9. 调整中心距；使用张紧轮 10. 定位；传递运动；动力

二、选择题

1. A 2. A 3. A 4. B 5. A 6. C 7. A 8. A 9. D 10. A 11. C

三、判断题

1. √ 2. × 3. × 4. × 5. √ 6. √ 7. × 8. √ 9. × 10. × 11. √

四、简答题

1. 机器制造中产品的生产类型及装配的组织形式有如下三种。

1）单件生产时装配组织形式。

2）成批生产时装配组织形式。

3）大量生产时装配组织形式。

2. 滚动轴承常见的故障、原因及解决方法如下。

故障类型	原因	解决方法
轴承工作时有不规则的声音	有杂物进入轴承	清洗或润滑
轴承工作时发出冲击声	滚动体或轴承圈有破裂现象	及时更换
轴承工作时发出尖锐哨声	轴承间隙过小或润滑不良	及时调整间隙，并清洗润滑
轴承工作时发出轰鸣声	轴承内、外圈严重磨损而脱落	及时更换新轴承

3. 齿轮传动的优点如下。

1）传动功率和速度的适用范围广。

2）具有恒定的传动比，平稳性高。

3）传动效率高。

4）工作可靠。

5）使用寿命长。

6）结构紧凑。

4. 尺寸链的形式按环的几何特征来分有如下三种。

1）长度尺寸链。

2）角度尺寸链。

3）组合形式的尺寸链。

5. 装配工艺过程包括以下四部分。

1）装配前的准备工作。

2）装配工作。

3）调整、检验和试车。

4）喷涂、涂油和装箱。

阶段性测试4——机修钳工

一、填空题

1. 维修；小修；中修；大修 2. 带传动；链传动；齿轮传动；螺旋传动；蜗杆传动；联轴器传动 3. 齿数；模数；压力角 4. 磨损；烧熔；剥落；裂纹 5. 摩擦力小；效率高；轴向尺寸小；维护简单；互换性强 6. 冲击；振动；气流 7. 硬物体；硬质磨粒 8. 尺寸；形状；体积 9. 链条被拉长；链及链轮磨损；链条断裂 10. 修理前的准备；零部件的拆装；修理工作；装配；试车验收

二、选择题

1. A　2. D　3. D　4. C　5. A　6. C　7. C　8. C　9. B　10. B　11. D

三、判断题

1. √　2. √　3. ×　4. √　5. ×　6. √　7. √　8. √　9. √　10. ×

四、简答题

1. 滚动轴承常见的故障、产生原因及修理方法如下。

1）轴承工作时发出不规则的声音，原因是可能有杂物进入轴承，应该及时清洗并润滑。

2）轴承工作时发出冲击声，原因是滚动体或轴承圈有破裂现象，应及时更换新轴承。

3）轴承工作时发出尖锐哨声，原因是轴承间隙过小或润滑不良，应及时调整间隙，并清洗润滑。

4）轴承工作发出轰鸣声，原因是轴承内、外圈严重磨损而脱落，应及时更换新轴承。

2. 动压滑动轴承的修理方法如下。

1）整体式滑动轴承的修理。

2）剖分式滑动轴承的修理。

3）内柱外锥式滑动轴承的修理。

4）瓦块式自动调位轴承的修理。

3. 设备拆卸前的准备工作如下。

1）读懂设备或零部件的装配图，熟悉零部件的构造以及它们的连接及固定方式。

2）读懂设备的机械传动系统图、轴承的布置图，了解传动元件的用途及相互关系，了解轴承的型号及结构。

3）熟悉拆卸的操作规程，并要确定典型零部件、关键零部件正确拆卸的方法。

4）准备必要和专用的工具、设备。

4. 修复步骤如下。

1）将损坏或崩裂的齿轮切掉，并将其底部及两侧轮缘金属按照一定尺寸要求进行切削加工。

2）根据原齿轮的相关技术参数，镶配新的齿轮。

3）采用焊接或加装骑缝螺钉的方法，将新镶嵌的齿轮进行固定。

5. 牛头刨床滑枕温度异常升高的原因及排除方法如下。

1）压板与滑枕导轨表面之间的接触面不良或压板压得过紧，应刮削或调整压板。

2）滑枕移动"卡死"，应刮削上支点轴承表面，以保证上支点轴承孔与摇杆孔同轴；同时，修刮摇杆表面，以保证两表面与摇杆孔保持平行。

综合测试卷 1

一、填空题

1. 固定套筒　2. 最低抗拉强度　3. 170 ~230HBW　4. 远起锯　5. 三　6. 最大　7. ϕ12mm　8. 3mm　9. 装配精度　10. 小端

二、选择题

1. C　2. B　3. C　4. A　5. B　6. D　7. C　8. A　9. B　10. A　11. C　12. A　13. C　14. B

15. D　16. B　17. C　18. B　19. C　20. C

三、判断题

1. √　2. √　3. ×　4. √　5. ×　6. √　7. √　8. √　9. √　10. ×

四、简答题

1. 调整滚动轴承的游隙目的：因为游隙过大，将使同时承受负荷的滚动体减少，应力集中，轴承寿命降低，同时还将降低轴承的旋转精度，引起振动和噪声；游隙过小，轴承则易发热和磨损，同样会降低轴承寿命。

2. $v = \pi Dn/1000 = 3.14 \times 8\text{mm} \times 1000\text{r/min}/1000 = 25.12\text{m/min}$

综合测试卷 2

一、填空题

1. 深度　2. 最小　3. 0.01mm　4. 三个　5. 圆形　6. 三个　7. 20~40　8. 后角太大　9. 臂挥　10. 高平齐

二、选择题

1. C　2. C　3. A　4. A　5. C　6. A　7. A　8. B　9. C　10. A　11. C　12. C　13. B　14. A　15. C　16. A　17. D　18. C　19. A　20. D

三、判断题

1. ×　2. √　3. √　4. ×　5. √　6. √　7. √　8. ×　9. √　10. √

四、简答题

1. 钳工是一个技术性很强的工种。日常生产中，凡是不太适宜采用机械方法或难以进行机械加工的场合，通常由钳工来完成。例如，钻孔、攻螺纹、装配、对设备维护修理、制作模具及样板等，由此可见钳工的任务是多方面的。

2. $n = 40/z = 40/13 = 3$（转），即手柄在分度盘 39 孔圈转 3 转又 3 个孔距。

高等职业技术教育招生考试机械类（专业理论）模拟试卷 1

一、填空题

1. 若干零件　2. 加工零件；装配；设备维修；工具的制造和维修　3. 钳台边缘　4. 定期性计划　5. 各种圆孔；台式钻床；摇臂钻床；立式钻床　6. 120°　7. 500h　8. 划线；錾削；锯削；锉削　9. 摩擦力　10. 静压；动压

二、选择题

1. A　2. B　3. B　4. C　5. B　6. C　7. B　8. C　9. C　10. A　11. A　12. C　13. D　14. A　15. A　16. A　17. A　18. B　19. A　20. B

三、判断题

1. √　2. √　3. ×　4. ×　5. ×　6. ×　7. √　8. ×　9. ×　10. ×

四、简答题

1. 导轨间隙的故障原因及排除方法如下。

1）机床经长时间使用，地基与床身水平度有变化，使得导轨局部单位面积负荷过大，可定期进行床身导轨的水平调整，或者修复导轨精度。

2）长期加工短工件或承受过分集中的负荷，使得导轨局部磨损严重，应注意合理分布短工件的安装位置，避免负荷过分集中。

3）导轨润滑不良，可调整导轨润滑油量，保证润滑油压力。

4）导轨材质不佳，可采用电加热自冷淬火对导轨进行处理，导轨上增加锌铝铜合金板，以改善摩擦情况。

5）刮研质量不符合要求，应提高刮研修复的质量。

6）机床维护不良，导轨里面落入污物，应加强机床保养，保护好机床防护装置。

2. 尺寸链简图如图4-3所示。

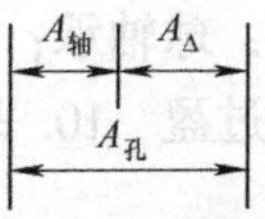

图4-3　尺寸链简图

A_{Δ} 为封闭环、$A_{孔}$ 为增环、$A_{轴}$ 为减环。

$A_{\Delta max} = A_{孔max} - A_{轴min}$。$A_{轴min} = \phi 30.15mm - 0.3mm = \phi 29.85mm$。

$A_{\Delta min} = A_{孔min} - A_{轴max}$。$A_{轴max} = \phi 30mm - 0.1mm = \phi 29.9mm$。

$A_{轴} = \phi 30 {}^{-0.10}_{-0.15}$ mm。

高等职业技术教育招生考试机械类（专业理论）模拟试卷2

一、填空题

1. 长对正；高平齐；宽相等　2. 两齿轮轴线歪斜且不同面　3. 以两个相互垂直的平面为基准；以两条中心线为基准；以一个平面和一条中心线为基准　4. 灰铸铁　5. 机械　6. 倾斜、有规律　7. 工件表面；平面；曲面　8. 摩擦力　9. 腕挥；肘挥；臂挥　10. 起锯质量；近起锯；远起锯

二、选择题

1. A　2. D　3. C　4. C　5. C　6. B　7. C　8. A　9. A　10. C　11. D　12. C　13. B　14. B　15. D　16. C　17. C　18. D　19. A　20. C

三、判断题

1. ×　2. √　3. √　4. √　5. √　6. ×　7. √　8. ×　9. ×　10. ×

四、简答题

1. 从主轴部件方面分析机床切削振动大的原因及处理方法如下。

1）主轴箱和床身连接螺钉松动，应恢复精度后紧固连接螺钉。

2）轴承预紧力不够，游隙过大，应重新调整轴承游隙，但预紧力不宜过大，以免损坏轴承。

3）轴承预紧螺母松动，使主轴窜动，应紧固螺母，以确保主轴精度合格。

4）轴承拉毛或损坏，应更换轴承。

5）主轴与箱体精度超差，应修理主轴或箱体，使其配合精度、几何精度达到图样上的要求。

2. 平面中凸产生的原因如下。

1）锉削时双手所用的力不能使锉刀保持平衡。

2）在开始锉削时，右手压力太大，锉刀被压下，锉刀推到前面时，左手压力太大，锉

刀被压下，使前、后面被锉去的较多。

3）锉削姿势不正确。

4）锉刀本身中凹。

高等职业技术教育招生考试机械类（专业理论）模拟试卷3

一、填空题

1. 三角螺纹；锥螺纹；梯形螺纹 2. 平面划线；立体划线 3. 链被拉长；链和链轮磨损；链条断裂 4. 摩擦力 5. 滚子轴承；球轴承；滚针轴承 6. 螺距 7. 零件的互换性 8. 上极限尺寸；下极限尺寸 9. 间隙；过盈 10. 呆扳手；活扳手

二、选择题

1. B 2. C 3. C 4. A 5. C 6. B 7. A 8. A 9. C 10. B 11. C 12. B 13. C 14. C 15. A 16. D 17. C 18. C 19. A 20. C

三、判断题

1. √ 2. √ 3. × 4. × 5. × 6. √ 7. × 8. √ 9. × 10. ×

四、简答题

1. 带传动与其他机械传动相比有如下优点。

1）带富有弹性，可缓和冲击和振动，运行平稳、无噪声。

2）可用于两传动轴中心距离较大的传动。

3）当过载时，带就会在带轮上打滑，具有过载保护作用，可以避免其他零件的损坏。

4）带传动结构简单、制造容易、维护方便、成本低廉。

2. 蜗杆传动的特点及适用场合如下。

1）承载能力较大。

2）传动比大、结构紧凑。

3）传动准确、平稳、无噪声。

4）具有自锁性，即只能用蜗杆带动蜗轮，而蜗轮不能带动蜗杆传动。

5）传动效率低，容易发热。

6）蜗轮为减摩和提高传动效率采用青铜材料，导致材料成本提高。

7）蜗杆和蜗轮不可任意啮合。

8）加工蜗轮的滚刀成本高。蜗杆传动适用于传动比大、结构紧凑、传动平稳、要求有自锁性的场合，如减速器、手拉葫芦、车床的进给机构、机床的分度头等。

参考文献

[1] 朱金仙．钳工技术基础［M］．北京：机械工业出版社，2015.

[2] 朱金仙，何立．钳工工艺与技能训练［M］．成都：四川大学出版社，2011.

[3] 蒋增福．机修钳工工艺与技能训练［M］．北京：高等教育出版社，2009.

[4] 赵孔祥，王宏．钳工工艺与技能训练［M］．南京：江苏教育出版社，2010.

[5] 吴全生．机修钳工（中级）［M］．北京：机械工业出版社，2008.

[6] 吴全生．机修钳工（高级）［M］．北京：机械工业出版社，2008.

[7] 张洪喜，马喜法，盛艳君．机修钳工（高级）考前辅导［M］．北京：机械工业出版社，2010.

[8] 徐彬．钳工技能鉴定考核试题库［M］．2 版．北京：机械工业出版社，2014.